塔里木超深复杂油气藏储层改造技术创新与实践

杨学文　刘洪涛　刘　举　等编著

石油工业出版社

内 容 提 要

本书介绍了塔里木油田针对超深裂缝性致密砂岩储层的缝网改造为主体的储层改造技术和针对缝洞型碳酸盐岩的"多元化"改造技术，总结了独具塔里木油田特色的技术成果、应用效果和重点案例。

本书可供从事油田管理、勘探、开发工作的研究人员、工程技术人员和石油院校师生参考阅读。

图书在版编目（CIP）数据

塔里木超深复杂油气藏储层改造技术创新与实践 /
杨学文等编著. — 北京：石油工业出版社，2022.3
ISBN 978-7-5183-5206-7

Ⅰ．①塔… Ⅱ．①杨… Ⅲ．①塔里木盆地-砂岩储集
层-技术改造 Ⅳ．①P618.130.2

中国版本图书馆 CIP 数据核字（2022）第 008801 号

出版发行：石油工业出版社
（北京安定门外安华里 2 区 1 号楼　100011）
网　　址：www.petropub.com
编辑部：（010）64523710
图书营销中心：（010）64523633
经　　销：全国新华书店
印　　刷：北京中石油彩色印刷有限责任公司

2022 年 3 月第 1 版　2022 年 3 月第 1 次印刷
787×1092 毫米　开本：1/16　印张：14.5
字数：270 千字

定价：120.00 元

《塔里木超深复杂油气藏储层改造技术创新与实践》
编 写 组

主　任：杨学文

副主任：刘洪涛　刘　举

编　委：黄　锟　彭建新　邱金平　黄龙藏　秦世勇

　　　　耿海龙　冯觉勇　袁学芳　季晓红　张　宝

　　　　李元斌　张　浩　周理志　任登峰

成　员：（按姓氏笔画排序）

　　　　王克林　王　艳　王　桥　王　磊　刘文超

　　　　刘军严　刘明球　刘豇瑜　刘　浩　刘　爽

　　　　刘　辉　刘　源　齐　军　孙　军　杨双宝

　　　　李玉珍　李　夲　李　伟　何剑锋　邹国庆

　　　　汪浩洋　汪　鑫　张　伟　范文同　罗志锋

　　　　周　进　周建平　郑如森　单　锋　屈剑峰

　　　　练以峰　赵新武　饶文艺　姚茂堂　秦德友

　　　　钱春江　徐国伟　徐鹏海　高文祥　黄世财

　　　　崔航波　彭　芬　彭建云　景宏涛　程青松

　　　　曾　努　谢向威　熊　玲　樊　文　滕　起

　　　　薛艳鹏

序

塔里木盆地地质构造复杂，具有"世界地质百科全书"之称，油气藏普遍具有埋藏深、破裂压力高、地应力复杂、高温、高压、高含硫等特点，是世界上油气勘探开发难度最大的地区之一。塔里木石油人经过 30 年的努力，坚持"两新两高"方针，联合国内外科研院所持续开展攻关研究，攻克道道技术难关，建成了 3000 万吨大油气田。在所形成的各类创新技术中，具有塔里木特色的储层改造技术系列创新性强且效果十分突出，有力地支撑了 3000 万吨大油气田的建设。在塔里木油气田的两大重要支撑区块——塔里木库车前陆区和塔里木台盆区的高效开发中发挥了不可替代的重要作用。

塔里木库车前陆区天然气资源极为丰富，油气藏具有超深、高温、高压、低孔隙度、低渗透率，并不同程度发育有天然裂缝等特征，油气藏地质条件极其复杂，单井自然产量低，建井费用高，只有通过储层改造大幅度提高产量才能实现规模效益开发，保障西气东输。但对于这类超深复杂地层如何有效改造，国内外缺乏可供借鉴的有效开发经验与技术，成为制约该油气区效益开发的重大瓶颈，构建一套适用于库车山前的储层改造理论技术体系已成为气田建设的重大需求。为此，塔里木石油人按照"坚持加强基础研究、形成创新配套技术、拓展研究成果、加快规模化应用"的总体思路，在储层天然裂缝精细刻画、储层地质力学评价及软硬分层工艺等配套研究基础上，针对不同储层特征形成了缝网酸压和缝网压裂两大主体技术，改造后平均单井日产气达到 38.5 万立方米，平均提产 4.5 倍，为克拉苏 300 亿大气区建产提供了支撑。

塔里木台盆区碳酸盐岩储层埋藏深、温度高，基质孔隙储油气能力极低，缝、洞为主要储渗单元构成，缝洞体发育分散，连通性复杂，给储层改造带来了巨大挑战。研究形成的以垂向 VSP 约束下的地震和实钻测井、录井资料为主的压前缝洞体精细雕刻技术，针对缝洞体空间展布差异，配套形成了深度酸压、转向酸压等多元化改造的系列配套技术，有力地支撑了塔中 I 号气藏等高效开发和富满油田快速上产 150 万吨。

　　《塔里木超深复杂油气藏储层改造技术创新与实践》一书是上述塔里木油田特色储层改造技术全面系统的总结。具有较好的创新性和很强的实用性，对我国深部、超深部复杂地层的储层改造具有很好的指导和参考作用。

2021 年 12 月

前　言

　　塔里木盆地是我国内陆最大的含油气沉积盆地，是世界三大高温高压油气区之一，也是我国油气工业的重要基地之一。面对异常复杂的地下地质条件和极其恶劣的地面工作环境，一代又一代塔里木石油人发扬"艰苦奋斗、真抓实干、求实创新、五湖四海"会战精神，战沙海、斗荒山，不忘初心、锲而不舍，始终坚定寻找大场面、建设大油气田的信心不动摇，顽强拼搏、攻坚克难，敢啃硬骨头，为将塔里木油田建设成为我国陆上第三大油气田和西气东输主力气源地，为保障国家能源安全和促进国民经济社会发展做出了重大贡献。

　　储层改造技术作为解除储层伤害、有效提高单井产量最主要的手段之一，在勘探开发过程中一直得到广泛应用。塔里木油田储层改造的对象在于攻克超深环境下两大难点：台盆区为缝洞型碳酸盐岩储层，前陆区库车山前构造带为低孔裂缝性砂岩储层。具有超深（6000~8000m）、地层压力高、温度高、地应力高、储层复杂等特点，对储层改造施工的液体、管柱、工艺、设备等都提出了极高的要求。塔里木油田储层改造技术人员坚持多学科地质工程一体化研究，利用开放的市场合作机制，整合和协同国内国际技术力量，按照"持续基础研究、形成配套技术、拓展研究成果、加快规模化应用"的总体攻关思路和具体技术路线，经过30多年艰苦的科研攻关及现场试验，形成了两大技术系列：针对台盆区超深缝洞型碳酸盐岩油气藏以沟通缝洞发育带为目标的深度酸压、转向酸压等多元化改造技术；针对前陆区库车山前构造带裂缝性砂岩储层的缝网酸压、缝网压裂改造工艺技术，核心技术是充分激活并利用天然裂缝，形成高导流缝网。

　　塔里木油田高温高压超深油气藏储层改造技术实现了迪那气田、大北气田、克深2气田、克深8气田、克深9气田、博孜1气田、博孜3气田、塔中Ⅰ号气田和富满油田等超深油气田从发现到效益建产投产，高温高压超深油气藏储层改造技术成果获得国家级和新疆维吾尔自治区级相关奖励，"碳酸盐岩油气藏转向酸压技术与工业化应用""深层油气藏靶向暂堵高导流多缝改造增产技术与应用"分别于2013年和2017年获国家技术发明奖二等奖；"塔里木油田海相碳酸盐岩储层增产技术研究与应用""库车前陆区超深裂缝性致密砂岩气藏储层改造技术研究与工业化应用"分别于2009年和2016年获新疆维吾尔自治区科技进步一等奖。

　　为了更好地总结及推广具有塔里木油田特色的储层改造技术，组织编写了《塔里木超深复杂油气藏储层改造技术创新与实践》一书。本书共分四章，第一章由黄锟、邱金平、黄龙藏、彭芬、范文同、姚茂堂、刘豇瑜、曾努、张宝、彭建云、王克林、王艳、高文祥、王磊、樊文、文国华、娄尔标等编写；第二章由秦世勇、耿海龙、冯觉勇、袁学芳、刘军严、张伟、黎丽丽、刘浩、刘爽、王桥、刘辉、刘源、李伟、李玉珍、邹国庆、汪浩洋、汪鑫、刘浩、屈剑峰、单锋、周进、周建平、崔航波等编写；第三章由季晓红、李元斌、张浩、彭建新、练以峰、薛艳鹏、饶文艺、杨双宝、钱春江、黄世财、秦德友、程青松、谢向威、滕起、罗志锋、李牵等编写；第四章由周理志、任登峰、何剑锋、景宏涛、刘明球、齐军、赵新武、徐国伟、刘文超、徐鹏海、郑如森等编写。全书由秦世勇负责统稿工作，由刘洪涛、彭建新、刘举审定。

本书在编写过程中得到国内外多家储层改造承包商和高校院所的支持，罗平亚院士等专家对书稿提出了具体修改意见。值此书正式出版之际，谨向他们表示衷心的感谢。

由于编著者水平有限，书中难免存在不妥之处，敬请读者批评指正。

目　　录

第一章　塔里木油田超深油气藏储层地质特征 ……………………………………（1）

第一节　库车前陆区超深裂缝性砂岩储层地质特征 …………………………（1）

第二节　塔里木盆地碳酸盐岩储层地质特征 …………………………………（18）

第二章　库车前陆区超深裂缝性砂岩缝网改造技术 ……………………………（30）

第一节　压前储层评估与储层改造思路 ………………………………………（30）

第二节　缝网改造机理研究 ……………………………………………………（34）

第三节　缝网改造设计 …………………………………………………………（70）

第四节　储层改造材料配套 ……………………………………………………（106）

第三章　超深缝洞型碳酸盐岩多元化改造技术 …………………………………（128）

第一节　缝洞型碳酸盐岩压前评估与储层改造思路 …………………………（128）

第二节　缝洞导向的酸压设计技术 ……………………………………………（133）

第三节　多元化改造工艺 ………………………………………………………（140）

第四节　改造工作液体系 ………………………………………………………（149）

第四章　典型应用案例 ……………………………………………………………（163）

第一节　库车前陆区超深裂缝性砂岩改造案例 ………………………………（163）

第二节　台盆区超深缝洞型碳酸盐岩油气藏改造案例 ………………………（200）

参考文献 ……………………………………………………………………………（220）

第一章　塔里木油田超深油气藏储层地质特征

塔里木盆地是我国内陆最大的沉积盆地，面积约 $56×10^4km^2$，现已发现油气田 30 余个，是我国油气工业的重要基地之一，是西气东输的主力气源地，油气资源十分丰富，探明石油储量超过 $10×10^8t$，天然气储量超过 $2×10^{12}m^3$。在油气地质和油气勘探中，关于超深油气藏的定义，国内外没有明确和统一的界定。国内钻井工程行业分别将深度 4500m、6000m 和 9000m 作为深井、超深井和特深井的界限。按照这一界定，近十几年来在塔里木盆地发现的大部分油气藏都属于超深范畴。

塔里木盆地油气藏超深领域主要在库车前陆区超深裂缝性砂岩和克拉通超深缝洞型碳酸盐岩，前陆区勘探目的层白垩系—侏罗系埋深一般为 6000~8000m，目前发现了克拉 2 气藏、迪那 2 凝析气藏、克深气藏、博孜–大北凝析气藏等大型气藏。超深缝洞型碳酸盐岩主力目的层奥陶系和寒武系碳酸盐岩埋深 6000~8500m，塔北隆起南部斜坡、塔中北部斜坡发现大面积分布的油气藏，轮探 1 井和满深 1 井的发现，进一步呈现塔中—塔北大面积连片含油气，充分展示了塔里木盆地超深勘探领域巨大的勘探潜力。

塔里木盆地超深层油气藏埋藏深、温度压力高、地质条件复杂等特点，为超深裂缝性砂岩储层、超深高含硫缝洞型碳酸盐岩储层的高效改造都带来了一系列世界级难题。自 1989 年塔里木石油大会战以来，塔里木石油人经过艰苦卓绝的探索和实践，攻克了一个又一个技术瓶颈，形成了超深高温高压裂缝性砂岩气层储层改造技术和超深缝洞型碳酸盐岩油气层储层改造技术两大技术系列，已成为并将继续成为塔里木盆地超深层油气藏勘探开发的重要支撑。目前塔里木油田已建成了产能 $3000×10^4t/a$ 大油气田，成为我国陆上第三大油气田，实现了"稳定东部，发展西部，实现油气资源战略接替"的阶段性目标，逐步揭开了油气"大场面"，为保障国家能源安全、为西气东输平稳供气提供了资源保障。

第一节　库车前陆区超深裂缝性砂岩储层地质特征

库车前陆区位于塔里木盆地北缘、天山南麓，勘探面积 $2.8×10^4km^2$，油气资源非常丰富，是西气东输的主力气区，也是塔里木油田加快天然气勘探的重点地区，是一个以中生代和新生代沉积为主的叠加型前陆盆地，经历了多期构造运动，其中以燕山运动、喜马拉雅运动的影响最为明显，沉积相表现为冲积扇、扇三角洲或辫状三角洲、滨浅湖沉积体系。复杂的沉积与构造特征导致该区储层具有地层压力高、地层温度高、埋藏深和不同程度发育天然裂缝等特征，给该地区储层改造工艺技术带来了巨大挑战。库车前陆区自北向南依次为北部构造带、克拉苏构造带、拜城凹陷、秋里塔格构造带，主要勘探开发的气藏有克拉2气藏、迪那2凝析气藏、克深气藏和博孜-大北凝析气藏。克拉2气藏由于储层物性较好，基本不需要储层改造就可以获得高产，其他气藏一般需要储层改造才能达到高效开发的目的。本节以迪那2凝析气藏、克深气藏、博孜-大北凝析气藏为例，阐述裂缝性致密砂岩储层地质特征。

一、迪那2凝析气藏

迪那2凝析气藏构造位置位于库车前陆区秋里塔格构造带东部迪那—东秋段上。主要受南北两条北倾逆冲推覆断层控制，南部的东秋里塔格断裂是控制迪那2构造的主控断层，北部为迪北断裂，背斜东西长26.8km，南北宽3.55km，长宽比为7.6:1，气藏面积130.6km^2，幅度680m，高点海拔-3020m。迪那地区自下而上发育的地层有白垩系、古近系、新近系和第四系。新近系自下而上发育吉迪克组、康村组、库车组，古近系自下而上发育库姆格列木群、苏维依组，目的层古近系钻厚308~447m。

（一）储层岩性特征

储层岩性主要为褐色粉砂岩、中—细砂岩，次为杂色—褐色含砾中—细砂岩、小砾岩等。岩石类型主要以岩屑砂岩为主，次为次长石岩屑砂岩。分选中—好，多为次棱—次圆状，颗粒以点—线接触为主，孔隙式胶结为常见胶结方式，结构成熟度较好。古近系储层粒度两极分化，发育细砂岩和砂砾岩两种储层，粗砂级和中砂级储层不发育。粉砂岩结构成熟度较中、细砂岩结构成熟度高。砂岩胶结类型、颗粒接触方式与胶结物含量、种类有关，胶结物含量高，则胶结类型多为基底式和孔隙式，颗粒呈点接触或漂浮状；胶结物含量低，则胶结类型为孔隙式、接触式，颗粒以线接触为主。

（二）储层空间特征

通过岩石铸体薄片观察，迪那2凝析气藏砂岩面孔率较低，平均面孔率仅为1.1%，但储集空间类型多种多样，其中孔隙占总面孔率的77.2%，主要为次生孔（图1-1-1）；裂缝占总面孔率的32.8%，主要为构造裂缝，其次为溶蚀缝和收缩缝（图1-1-2）。孔隙细小且多呈孤立状，很少连通；孔径大小主要在0.01~0.08mm之间，最大为1.17mm；孔喉配位数一般为0~1，最大为4。

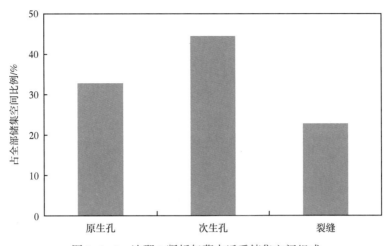

图 1-1-1 迪那 2 凝析气藏古近系储集空间组成

（注："次生孔"包括粒间溶孔、粒内溶孔、超粒孔、铸模孔、晶间晶内孔）

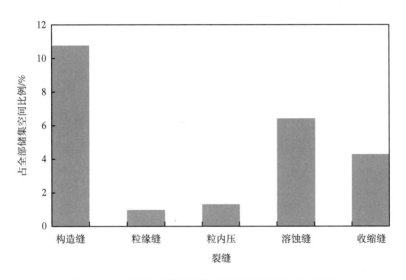

图 1-1-2 迪那 2 凝析气藏古近系各类裂缝相对比例

1. 孔隙

原生粒间孔占总面孔率的近一半，孔径一般为 0.02~0.15mm，多发育在刚性颗粒，如石英、长石等富集处。粒间溶孔的特点为：颗粒间含少量或无填隙物，颗粒边缘凹凸不平呈蚕食状，溶蚀强烈时颗粒呈现松散状（颗粒间多成点接触）甚至漂浮状，而未发生溶蚀作用的周围颗粒间则压实致密接触（如线接触）。粒内溶孔的大小与颗粒内溶蚀作用的强度密切相关：溶蚀作用较弱时常在颗粒内形成蜂窝状细小孔隙，在显微镜下难于辨别（孔径<0.005mm）；溶蚀作用较强时颗粒内孔隙在镜下清晰可辨，有时甚至形成铸模孔隙。研究区砂岩中多见未被充填的粒内溶蚀孔，可

见较大的粒内溶孔被方解石充填。晶间孔隙指自生矿物间的孔隙，显微镜下多见于充填裂缝的自生矿物间，边缘规则平直。该类孔隙是自生矿物晶体未能完全充填裂缝的产物。晶内溶孔指发育于自生矿物（主要为嵌晶方解石类）内的溶蚀孔隙，边缘多不规则且呈蚕食状。

2. 裂缝

裂缝类型多样，可以概括为构造裂缝、成岩裂缝、溶蚀缝等。从薄片中可以看出，构造裂缝中有一部分被完全充填或被部分充填，充填物多为方解石。构造裂缝占总面孔率的2%，缝宽一般在0.02~0.2mm之间，最大可达0.83mm，多绕过颗粒，有时也可切穿颗粒（图1-1-3和图1-1-4）。

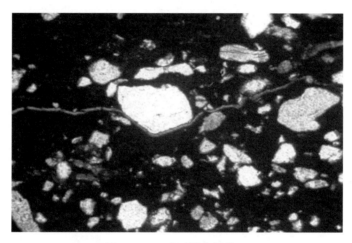

图1-1-3 岩石薄片照片一

A201井，5050.6m，构造缝绕过颗粒

图1-1-4 岩石薄片照片二

A201井，5049.2m，构造缝切穿颗粒

迪那2凝析气藏常见在泥岩及其同生变形条带内部或泥岩—砂岩界面处由黏土脱水收缩作用而产生的成岩收缩裂缝。这些收缩缝常呈平行于纹层/岩性界面的曲线状或串珠状、网络状，延伸长度不等。泥岩同生变形条带内的收缩缝渐被碳质、沥青质充填。泥岩—砂岩界面处的收缩缝常沿界面分布，延伸一段距离后会消失；在砂岩中泥岩岩屑与刚性颗粒接触处也会发育此类收缩微裂缝（图1-1-5和图1-1-6）。

图1-1-5　岩石薄片照片三

A202井，4847.76m，泥质条带收缩缝

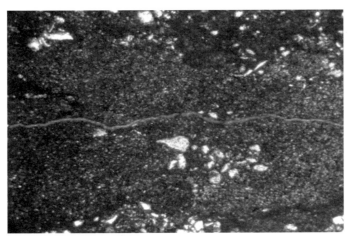

图1-1-6　岩石薄片照片四

A201井，4867.51m，泥岩内收缩缝

溶蚀缝可以是构造裂缝进一步溶蚀扩大或是充填物被部分或全部溶蚀形成，也可以是活跃流体沿岩石薄弱处渗流、溶蚀而成，属于构造裂缝和溶蚀孔隙混合成因。

粒内缝主要表现为刚性颗粒内的裂纹缝，它们主要发育在相互接触的石英或方解石矿物颗粒内，不切穿颗粒。粒缘缝主要分布在呈线状相互接触的矿物颗粒之间，也可以称之为粒间缝或贴粒缝。粒内缝和粒缘缝的形成主要与强烈的压实、压溶和构造挤压作用有关，并且岩性越粗、岩石中杂基含量越少，粒内缝和粒缘缝越发育。

（三）储层物性特征

根据迪那2井区岩心物性统计（图1-1-7），储层基质孔隙度主要分布在2%～15%，平均值5.8%，基质渗透率主要分布在0.01～1.0mD，平均值0.49mD，属于低孔低渗透储层。纵向上储层变化较大，苏一段和苏三段储集性能相对较好，其他段物性较差（表1-1-1）。

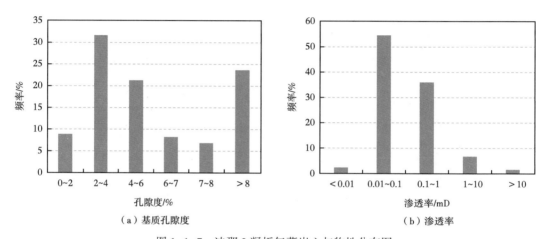

图1-1-7　迪那2凝析气藏岩心与物性分布图

表1-1-1　迪那2凝析气藏古近系各砂层组岩心物性统计表

物性			孔隙度/%			渗透率/mD		
层位	段	砂层组	最大	最小	平均值	最大	最小	平均值
苏维依组	$E_{2-3}s^1$	E1	6.16	1.88	8.97	32.7	0.006	0.99
		E2						
	$E_{2-3}s^2$	E3	12.39	1.13	5.07	4.57	0.06	0.43
		E4						
	$E_{2-3}s^3$	E5	14.57	1.5	7.07	15.2	0.01	1.11
库姆格列木群	$E_{1-2}km^1$	E6	7.05	1.03	3.15	2.48	0.01	0.09
	$E_{1-2}km^2$	E7	10.1	1.0	4.9	0.62	0.01	0.09
	$E_{1-2}km^3$	E8	8.1	1.8	4.7	0.18	0.01	0.05

（四）裂缝发育特征

迪那2凝析气藏岩心观察裂缝类型主要包括构造缝（以剪切缝为主）、成岩缝（以收缩缝为主）、溶蚀缝和粒内粒缘缝，以构造缝和成岩收缩缝为主，构造缝以倾角在75°～90°和45°～75°之间的垂直缝和高角度缝为主，占裂缝总数的73.1%，其次为斜交缝，占裂缝总数的 14.5%，其余为低角度裂缝，网状缝仅在个别地层发育，总体占比较小（图 1-1-8）。

（a）垂直缝，石膏半充填　　　　（b）高角度缝，石膏半充填　　　　（c）高角度缝，石膏全充填
A22井，4882.18m，E4³　　　　　A204井，5187.33m，E4⁵　　　　　A202井，4954.51m，E3⁴

（d）剪切缝，缝面见擦痕　　　　（e）剪切缝，缝面见擦痕　　　　　（f）共轭裂缝
A202井，5023.35m，E5¹　　　　　A22井，4917.99m，E5²　　　　　A205H井，5321.56m，E5²

图 1-1-8　迪那 2 凝析气藏岩心裂缝照片

岩心观察结合测井解释成果表明该区各种倾角的裂缝均有发育，但主要的分布范围为 65°~85°，即以高角度为主，水平缝和低角度斜交缝不发育。裂缝方位比较一致，集中在北北西—南南东方向（图 1-1-9）。

成像测井解释数据统计表明，迪那 2 凝析气藏单井裂缝密度在 0.1~1.0 条/m 之间。岩心观察总结宏观裂缝开度可知，有一半以上的宏观裂缝开度小于 0.4mm。微观裂缝的开度主要是在镜下用薄片法进行统计分析，统计结果显示微裂缝中 80% 开度都小于 0.02mm（图 1-1-10）。

岩心观察表明，研究区目的层段不论何种力学性质的裂缝，其充填程度均较高。迪那气藏取心段宏观裂缝平均充填程度达 74%，即多数为无效缝，其中全充填裂缝约占 44.13%，半充填裂缝约占 30.05%，未充填裂缝占 25.82%。镜下薄片观察表明，目的层段充填程度较低，半充填裂缝和未充填裂缝约占 80%。

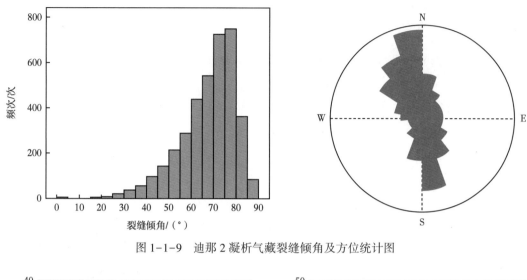

图 1-1-9　迪那 2 凝析气藏裂缝倾角及方位统计图

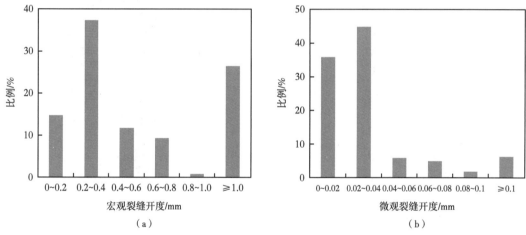

图 1-1-10　迪那 2 凝析气藏目的层宏观裂缝（a）和微观裂缝（b）开度分布图

（五）裂缝发育影响因素

裂缝发育主要受岩性、层厚、构造位置、与断层距离和地应力的影响。砾岩裂缝密度最大，其次是砂岩—粉砂岩，层厚变大，裂缝密度趋于变小，泥岩裂缝密度低，且与层厚关系不大；构造是控制裂缝发育的重要因素，在不同构造部位，由于应力分布的不均一性，使其裂缝的发育程度不同，如背斜构造轴部转折端往往是岩层中构造裂缝的发育区，构造翼部陡坡带的曲率较大、应力集中，通常裂缝比较发育，而缓坡带裂缝发育则比较差。坡度较陡的短轴上的井裂缝发育程度要大于坡度较缓的长轴上的井，短轴方向上相对更陡的南坡裂缝密度大于北坡；井点离断层越近，裂缝越发育，受断层影响较明显；通过裂缝方位对比可知，裂缝走向与水平最大主应力方向接近但有一定夹角，受到最大水平主应力的控制。

通过裂缝建模，表明裂缝孔隙度模型集中在 0.01%~0.02% 之间，大部分裂缝孔隙度低于 0.05%，说明裂缝介质对迪那 2 凝析气藏储量贡献很小。裂缝渗透率介于 8~100mD 之间，主体峰值在 6~12mD，通过气井无阻流量及压力试井恢复曲线分析表明，裂缝是主要的气体产出通道。

（六）气藏特征

1. 温度和压力系统

迪那 2 凝析气藏气藏中深 5046m，原始地层压力 106.2MPa，压力系数 2.06~2.29，为异常高压气藏；原始地层温度 136.1℃，地温梯度 2.259℃/100m，属正常的温度系统。

2. 流体性质

迪那 2 凝析气藏古近系凝析油地面密度 0.792~0.812g/cm³（20℃），平均 0.8g/cm³；动力黏度 0.744~1.100mPa·s（50℃），平均 0.757mPa·s；凝固点 -6.0~6.0℃，平均含硫 0.02%，平均含蜡 5.11%；气油比 8100~12948m³/m³，总体上具有密度低、黏度低、凝固点低、含硫低的"四低"特点。

迪那 2 气藏天然气相对密度 0.63~0.64，甲烷含量较高，为 86.7%~88.85%，平均 87.70%；己烷及以上烃组分含量 9.19%~12.77%，平均 9.19%；氮气含量低，为 0.8%~2.0%，平均 1.4%；酸性气体含量很低，CO_2 含量 0.07%~6.93%，主要含量区间在 0.3%~0.4% 之间；天然气组分中不含 H_2S。

地层水氯离子含量主要在 50060~109000mg/L，密度 1.00~1.05g/cm³，水型为氯化钙型。

根据 PVT 样品分析，迪那 2 凝析气藏临界凝析压力为 42.29~65.99MPa，平均 50.36MPa；临界凝析温度 247.5~336.9℃，平均 286.5℃；露点压力 37.08~62.50MPa，平均 45.38MPa。

3. 气藏类型

综合对温度压力系统、流体性质、气水界面等认识，结合地层流体 PVT 分析以及沉积、储层特征研究和构造解释结果，迪那 2 凝析气藏为一个完整的受背斜构造控制的异常高压块状底水凝析气藏。

二、克深气藏

克深气藏位于克拉苏前陆冲断带，东西长约 50km，南北宽约 20km，天然气成藏地质条件优越，具有良好的天然气勘探潜力，克深气藏钻揭地层自上而下依次为第四系，新近系库车组、康村组、吉迪克组，古近系苏维依组和库姆格列木群，白垩系巴什基奇克组和巴西改组，主力含气层系为巴什基奇克组的厚层砂岩。克深气藏的天然气主要来源于侏罗系的煤系烃源岩，目的层巴什基奇克组上覆的古近系库姆格列木群为巨厚的膏盐层沉积，是一套优质的区域盖层，两者与目的层构成了良好的生储盖组合。喜马拉雅运动晚期印度板块与欧亚板块碰撞引发南天山造山带的剧烈隆升，产生了近北南向的强烈挤压推覆作用，在膏盐层下形成了多个断背斜气藏，发现克深 2、克深 5、克深 6、克深 8、克深 9、克深 10、克深 13 和克深 24 等气藏。克深气田各区块气藏幅度分布在 360~650m 之间，气藏中部埋深 5850~7750m，地层压力 103~136MPa，压力系数为 1.64~1.84，以常温高压层状边水干气气藏为主。

（一）储层岩性特征

白垩系巴什基奇克组砂岩矿物组成相对稳定，主要以岩屑长石砂岩和长石岩屑砂岩为主，粒度以中粒、细粒为主。岩石组成总体刚性骨架颗粒含量高，抗压实性较强。其中，石英含量普遍在 40%~60% 之间，平均为 45% 左右；长石以钾长石为主，含量为 15%~25%，平均为 20% 左右，斜长石含量为 5%~15%，平均为 10% 左右；岩屑主要为变质岩屑，含量为 10%~15%，平均为 13% 左右，其次为岩浆岩屑，含量为 5%~20%，平均为 10% 左右，沉积岩屑含量较低，平均仅为 3.5% 左右。储层砂岩碎屑颗粒分选总体中—好，磨圆中等，多为次棱角—次圆状，颗粒以点—线接触为主，成分成熟度低—中等，胶结类型普遍为薄膜—孔隙型胶结。

储层填隙物总含量为 4%~20%，平均为 15% 左右，其中胶结物总量 2%~20%，平均 7% 左右，成分主要包括白云石、方解石、硬石膏、自生钠长石等，少量硅质；杂基主要为棕色或黑色泥质，含量为 1%~10%，一般平均低于 5%。

此外，黏土矿物 X 衍射相对含量的分析表明，自上而下，巴什基奇克组伊利石、高岭石含量有依次增加趋势，第一段低于第二段，平面上克深地区的伊利石含量总体高于大北地区。

克深地区白垩系巴什基奇克组砂岩中黏土矿物伊/蒙混层含量为 20%~40%，最高达 43%，伊利石含量为 60%~70%，最高达 78%，高岭石含量为 1%~4%，绿泥石含量为 2%~10%，伊/蒙混层中的蒙皂石含量为 10%~15%。大北地区白垩系巴什基奇克组黏土矿物组合为伊/蒙混层—伊利石—绿泥石组合，以伊/蒙混层、伊利石为主，少量高岭石和绿泥石。其中伊/蒙混层含量一般为 35%~55%，最高达 64%，伊利石含量一般为 40%~50%，最高达 59%，高岭石含量一般为 1%~5%，绿泥石含量一般为 3%~8%，伊/蒙混层中的蒙皂石含量一般为 20%。

（二）储层空间特征

巴什基奇克组储层平均面孔率为 0.68%，孔隙类型以原生粒间孔、粒间溶孔和粒内溶孔为主，面孔率分别为 0.65%、0.56% 和 0.12%，另有少量铸模孔、微孔隙、残余粒间孔及裂缝，面孔率分别为 0.06%、0.08%、0.01% 和 0.005%。裂缝类型以构造缝为主，占 67.59%，其次为溶蚀缝，占 18.46%，另有少量收缩缝和其他类型的裂缝。孔隙半径主要分布于 100~200μm 之间，占 93%，峰值位于 150~200μm 之间，平均孔隙半径为 163.62μm；喉道半径主要分布于 0.1~0.4μm 之间，占 92%，呈多峰特征，峰值分布于 0.1~0.2μm 和 0.3~0.4μm 之间，平均喉道半径为 0.276μm，为微细喉。孔喉半径比主要分布于 300~1350 之间，占 99%，峰值区间为 450~600，平均孔喉半径比为 526.61。

构造裂缝普遍发育，占总孔隙比例较小约 0.5%，提供储层主要的渗流通道（图 1-1-11 和图 1-1-12）。构造运动对储层孔隙结构具有双重影响，其一是强烈的构造运动会导致岩石发生破裂而形成裂缝，使孔隙结构复杂化，增加其非均质程度；其二是构造挤压增加垂向、侧向的压实强度，影响岩石的成岩压实作用。克深区块巴什基奇克组储层主要经历了两大造山运动，即燕山运动和喜马拉雅运动，燕山运动晚期和喜马拉雅运动早期，构造应力以拉伸为主，在构造高部位形成少量裂缝，该期裂缝以充填和半充填为主，薄片观察显示，微裂缝多被方解石或泥质充填，对储层孔喉连通性影响不大；喜马拉雅运动中后期，构造应力逐渐增强，形成的裂缝以半充填和未充填为主，铸体薄片观察表明，微裂缝可有效沟通储层粒间孔和溶蚀孔，增加储层渗流能力。构造挤压对基质孔隙结构的影响可以通过储层垂向渗透率与水平渗透率的比值来体现，对砂岩储层来说，垂向渗透率与水平渗透率的比值一般在 1/10 左右，而克深区块该比值为 1/1，由此可见，侧向挤压使颗粒在水平方向的接触关系更加紧密，导致其渗透率降低。喜马拉雅运动中后期产生的裂缝以半充填和未充填为主，增加了孔隙结构在空间上的复杂程度，而侧向的挤压应力作用使岩石颗

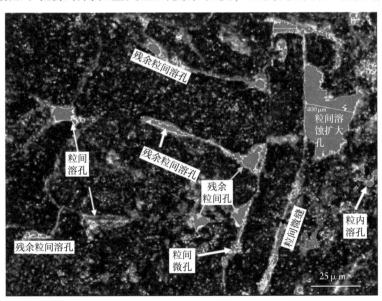

图 1-1-11　克深区带白垩系巴什基奇克组储层储集空间特征

粒在水平方向上的接触关系复杂化，故构造运动是增强孔隙结构非均质性的重要因素。微观裂缝对于改善储层物性也具有重要的作用，克深2气藏发育的微观裂缝以剪切裂缝为主，裂缝往往穿过矿物颗粒，有时在裂缝面边缘可见矿物溶蚀的痕迹，另见少量张性裂缝及溶蚀缝、成岩收缩缝等非构造成因裂缝，通常绕过矿物颗粒，呈不规则的弯曲形态。微观裂缝开度一般为0.01~0.06mm，少数可达0.1mm。

根据储集空间类型及特征，划分超深层储层三种储层类型，即孔隙型、裂缝—孔隙型、裂缝型，其中以孔隙型储层为主，约占总孔隙类的70%。

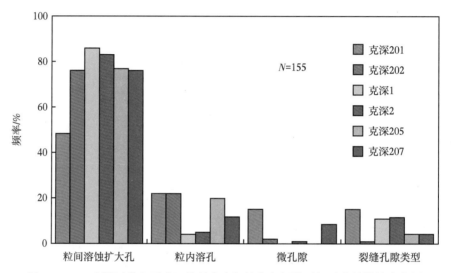

图1-1-12　克深区带白垩系巴什基奇克组储集空间类型相对含量统计直方图

（三）储层物性特征

孔隙度主要分布在5%~7%、渗透率小于1mD，为低孔隙度、特低渗透储层，区块间物性差异不大。储层裂缝发育，以高角度缝、直立缝为主，裂缝走向以北东—南西向为主，呈现多重介质特征。根据测井解释，纵向上巴什基奇克组第一岩性段物性好于第二岩性段。第一岩性段孔隙度主要分布在4.0%~8.0%，平均为7.1%，最大为13.087%，大于9%的占20.6%。渗透率主要分布在0.05~0.5mD，平均为0.283mD，最大为4.788mD；第二岩性段孔隙度主要分布在4.0%~8.0%，最大15.401%，平均为6.80%，大于9%的占13.3%，渗透率主要分布在0.05~0.5mD，平均为0.317mD，最大为7.883mD。

克深10区块岩心氦孔分析储层孔隙度、渗透率呈"双高峰"形态，平均孔隙度为5.84%，其中孔隙度大于4%的样品占69.2%；渗透率主峰为0.01~0.5mD，平均为0.267mD。克深10区块白垩系巴什基奇克组测井孔隙度主峰区为4.0%~8.0%，大于9.0%的约占15.2%，平均孔隙度为6.88%。测井渗透率主峰为0.05~0.5mD，占86.6%，整体平均为0.31mD。

（四）裂缝发育特征

按裂缝长度、开度分级，参考裂缝的产状、穿层性等，建立了库车前陆冲断带4级裂缝分类体系。

一级裂缝——巨型节理（微断裂）：在野外露头缝宽一般大于1cm，长度在10m以上，可贯穿砂层组；井下成像测井和岩心上偶尔能观察到，一般沿节理面发生错动，断距小于10cm（图1-1-13）。

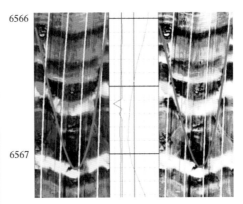

6566

6567

索罕村豁口处亚格列木组（城墙砾岩），共轭剪节理　　　　B2-2-12，高角度节理，断距10cm

图1-1-13　库车前陆冲断带白垩系巴什基奇克组砂岩一级裂缝（巨型节理—微断裂）发育特征

二级裂缝——直劈缝：该类型裂缝在盐下深层广泛发育，延伸长度几米至十几米，缝宽大于60μm，包括大多数成像测井、岩心可见的高角度缝、网状缝、斜交缝等，可沟通单砂层。岩心观察描述，高角度直劈缝以张性、张剪性为主，产状不稳定，延伸不远，一般为10~50cm，单条裂缝短而弯曲，多条裂缝常侧列产出，间距0.1~1cm，组合形成一条延伸较远的大裂缝；裂缝面粗糙不平，无擦痕；裂缝常绕砾岩或粗砂粒而过，如切穿砾石，破裂面也凸凹不平，显示张性特征；裂缝多开口、多充填，脉宽变化较大，脉壁不平直。该类裂缝多发育伴生缝（20~60μm的颗粒贯穿缝），晚期沿张裂缝及其侧列伴生缝多次胶结、多次溶蚀形成强渗流带，有效沟通砂体、砂层组。

三级裂缝——颗粒贯穿缝：延伸长度几厘米至几十厘米，1μm<缝宽<60μm，包括部分岩心、微米CT可见的小裂缝和铸体薄片可见的微裂缝。该类型裂缝常伴生发育在二级裂缝的末端，沿缝有明显的溶蚀—充填作用，能沟通大孔隙。据微观镜下观察，克深地区较少发育，以单一拉张缝为主，克深8井区198个视域中26个视域见颗粒贯穿缝，占13.3%，克深2井区48个视域中仅2个视域见颗粒贯穿缝，占4.2%；大北地区普遍发育，以张剪性为主，常呈雁列状或X状。

四级裂缝——粒缘缝（破裂溶蚀型喉道）：延伸长度为毫米级、微米级，缝宽小于 $1\mu m$，视连通度为 $45\% \sim 55\%$，主要为粒缘缝和粒内隙，纳米 CT、激光共聚焦、场发射扫描电镜下可见。该类型裂缝常环颗粒或粒内应力薄弱处分布，线（片）状，多见雁列式展布，胶结与溶蚀普遍，是盐下深层储层最重要的喉道类型。

（五）气藏特征

1. 温度和压力系统

克深气藏储层中深 $5852 \sim 7745m$，气藏中深压力 $99.53 \sim 136.525MPa$，压力系数 $1.64 \sim 1.84$，整体以常温高压、常温超高压系统为主，幅度在 $360 \sim 650m$ 之间，主要为层状边水干气气藏，克深 6 和克深 10 区块近似底水的性质。克深气藏压力数据见表 1-1-2。

表 1-1-2 克深气藏压力数据表

气藏	气藏幅度/m	中深海拔/m	中部埋深/m	压力/MPa	压力系数	温压类型
克深 8	650	−5583	7127.7	122.701	1.77	常温超高压
克深 5	561	−4961.5	6669.5	109.242	1.67	常温高压
克深 9	520	−6288.1	7744.8	128.489	1.69	常温高压
克深 2	475	−5429.3	6987.3	116.215	1.7	常温高压
克深 24	434	−4889	6499.3	106.131	1.66	常温高压
克深 10	405	−4761	6435	103.51	1.64	常温高压
克深 6	373	−4440.3	5851.8	99.53	1.73	常温高压
克深 13	363	−6285.8	7554	136.525	1.84	常温超高压

2. 流体性质

天然气具有甲烷含量高，非烃气体含量低，不含硫化氢的特点。天然气相对密度为 0.569，天然气甲烷平均含量为 96.18%，乙烷平均含量 0.351%，丙烷平均含量 0.013%，氮气（N_2）平均含量为 2.166%，CO_2 含量为 0.815%，不含 H_2S；干燥系数（C_1/C_{1+}）0.996，属于优质天然气。

地层水性质水型为 $CaCl_2$ 型，密度 $1.1246g/cm^3$，氯离子含量 114000mg/L，总矿化度 187300mg/L，是封闭条件很好的气藏水。

天然气平均临界压力为 4.90MPa，平均临界温度为 $-80.05℃$，临界点（p_c、T_c）远离气藏原始压力和温度，地面分离条件点处于两相区外，表现了干气气藏的相态特征。

三、博孜-大北凝析气藏

博孜-大北区块位于克拉苏构造带西段，南北分别为拜城凹陷、北部构造带。区域北边界为克北断裂，南边界为拜城断裂，西边界为阿瓦特三维西边界，东边界为大北气藏—大北 32 圈闭东边界。区块构造东西长约 120km，南北宽 7~29km，面积达 1670km^2。

整体自上而下发育第四系，新近系库车组、康村组、吉迪克组，古近系苏维依组、库姆格列木群，白垩系巴什基奇克组、巴西改组和舒善河组。大部分井区地层层序正常，但是受地表剥蚀、断裂影响，断层上下盘部分地层有一定重复。其中白垩系巴什基奇克组、巴西改组是主要含气层段，与上覆的古近系膏盐岩构成良好的储盖组合。

白垩系巴什基奇克组自上而下可进一步划分为三个岩性段，受燕山运动晚期隆升作用影响，博孜-大北区块白垩系巴什基奇克组顶部普遍遭受一定程度剥蚀，剥蚀厚度自东向西逐渐增大。其中，大北地区、博孜 9 及博孜 1 等井区白垩系巴什基奇克组第一岩性段剥蚀殆尽，仅保留第二和第三岩性段，残余厚度为 123~209m；博孜18、博孜 12 及博孜 3 等井区白垩系巴什基奇克组第一和第二岩性段均被全部剥蚀，近保留第三岩性段，残余厚度为 17~61m。由东至西，到阿瓦特地区，巴什基奇克组基本已全部被剥蚀。巴什基奇克组各段特征分别如下：第二岩性段（K$_1$bs^2）：厚 0~130.5m，平均 87m。第三岩性段（K$_1$bs^3）：厚 19.5~101m，平均 61m。白垩系巴西改组是博孜—大北区块又一重要含气层段，第一岩性段（K$_1$bx^1）：厚 34~76.5m，平均 58m；第二岩性段（K$_1$bx^2）：厚 25.5~46.5m，平均 37m。

（一）储层岩性特征

博孜-大北地区白垩系巴什基奇克组岩石类型以岩屑长石砂岩、长石岩屑砂岩为主，少量岩屑砂岩；巴西改组主要以岩屑砂岩为主，少量长石岩屑砂岩和岩屑长石砂岩。

博孜-大北地区白垩系巴什基奇克组碎屑颗粒分选中等—好，磨圆度主要为次棱—次圆，颗粒以点—线接触为主。薄片分析显示，储层石英含量为 35%~66%，平均 46.9%；长石以钾长石为主，含量为 5%~28%，平均 18.7%，斜长石含量为 0~20%，平均为 8.4%；岩屑主要为变质岩岩屑，含量为 3%~42%，平均 14.6%，其次为岩浆岩岩屑，含量为 1%~26%，平均 8.1%，沉积岩岩屑含量较低，含量为 0~20%，平均仅为 3.3%。巴西改组碎屑颗粒分选、磨圆与巴什基奇克组相似，颗粒接触关系以点、线接触为主，储层石英含量比巴什基奇克组低，分布范围为 15%~42%，平均 33.4%；长石以斜长石为主，含量为 1%~21%，平均 10.5%，钾长石含量为 3%~16%，平均 7.9%；岩屑含量比巴什基奇克组高，主要也为变质岩岩屑，含量为 14%~67%，平均 27.2%，其次为岩浆岩岩屑，含量为 0.5%~33%，平均11.5%，沉积岩岩屑含量较低，含量为 3%~25%，平均仅为 9.5%。

博孜-大北地区巴什基奇克组各区块填隙物含量类似，含量范围 10.1%~31.9%，平均可达 18.0%，其中胶结物总量 6.5%~30.1%，平均 13.1%，胶结物类型主要为方解石、白云石、自生长石、硅质等，泥杂基含量为 2.0%~10.0%，平均 4.9%。巴西改组填隙物总含量为 14.3%~23.5%，平均可达 22.0%，其中胶结物总量 7.9%~30.1%，平均 16.8%，胶结物类型主要为方解石，少量硅质、膏质及白云石，杂基含量范围 2.0%~6.5%，平均 5.2%。

（二）储层空间特征

博孜-大北地区白垩系巴什基奇克组、巴西改组砂岩储集空间类型以原生粒间孔为主，其次为粒间溶孔和粒内溶孔，三者占储集空间总量的95%以上，粒间溶孔主要是长石粒缘溶蚀和粒间胶结物溶蚀成因；部分区块构造微裂缝较发育，最大可占整个储集空间的25%，开度 0.01~0.5mm，未充填；可见少量岩屑粒内溶孔和泥质微孔隙。储层内部微观结构非均质性强，主要孔径区间范围为 0.01~0.06mm，总面孔率主体范围为 0.13%~4.6%。

（三）储层物性特征

博孜-大北地区白垩系巴什基奇克组岩心分析储层孔隙度主要分布于 4%~9%，孔隙度平均为 7.1%；渗透率主要分布在 0.1~1mD，博孜-大北地区巴什基奇克组物性与克深相当，属低孔隙度、特低渗透气藏。巴西改组岩心取样位置代表性较差，因此未对其岩心实测物性特征进行统计。

博孜-大北地区白垩系巴什基奇克组测井孔隙度主要分布在 4%~9%，孔隙度平均为 7.2%；渗透率主要分布在 0.05~5mD，渗透率平均为 0.663mD。巴西改组测井孔隙度主要分布在 4%~8%，测井孔隙度平均为 5.9%；渗透率主要分布在 0.035~0.5mD，渗透率平均为 0.205mD。

（四）裂缝发育特征

博孜-大北区块构造裂缝相对发育，以视倾角 45°~80° 的高角度缝为主，充填程度与裂缝形成期次有关，充填物多为泥质、方解石等，裂缝宽度一般为 0.05~1mm。

博孜-大北区块裂缝期次可分为早、中、晚三期，其中早期主要为顺层或低角度延伸裂缝，开度小，基本被泥质或膏质全充填，排列方式较为紊乱；中期裂缝一般高角度斜切岩心，规模较大，延伸较远，裂缝开度一般在 0.05~0.5mm，被泥质和方解石半充填，排列方式以雁列、斜交为主；晚期裂缝主要以高角度近直立缝为主，裂缝规模较大，开度为 0.2~1mm，以未充填为主，有效改善储层渗流条件，是气藏天然气高产的主力裂缝类型。

根据博孜-大北区块白垩系巴什基奇克组和巴西改组成像测井资料，认为裂缝发育非均质性较强，纵向上层控性明显，具有分段、分构造部位差异分布特征，整体上巴什基奇克组裂缝发育密度（平均0.47条/m）远大于巴西改组（平均0.18条/m），平面上大北区块裂缝密度较博孜区块大。

（五）气藏特征

1. 温度和压力系统

博孜-大北区块各气藏储层中深5206～8041m，气藏中深压力81.20～144.34MPa，压力系数1.59～1.83，气藏中深温度102.6～152.87℃，整体以常温高压、常温超高压系统为主，博孜9气藏为高温超高压系统，见表1-1-3。

表1-1-3 博孜-大北区块各气藏中深温度和压力数据统计表

序号	气藏	埋深/m	海拔/m	压力/MPa	压力系数	温度/℃	温度梯度/℃/100m	备注
1	博孜3	6163.10	−4159.00	115.97	1.92	129.94	1.71	常温超高压
2	博孜1	7037.25	−5303.16	131.13	1.90	125.63	1.80	常温超高压
3	博孜101	7029.92	−5330.00	121.14	1.76	123.78	1.80	常温高压
4	博孜102	6835.79	−5190.00	118.49	1.77	123.11	1.80	常温高压
5	博孜104	6892.46	−5245.00	115.93	1.71	124.92	1.80	常温高压
6	大北1	5550.12	−3775.00	88.32	1.62	125.06	2.20	常温高压
7	大北101	5766.66	−4071.00	90.32	1.60	123.25	2.20	常温高压
8	大北102	5461.70	−3783.00	89.08	1.66	125.73	2.20	常温高压
9	大北201	5944.70	−4337.50	95.08	1.63	127.79	2.20	常温高压
10	大北301井区	7020.00	−5618.50	119.00	1.73	146.29	2.20	常温高压
11	大北302井区	7201.18	−5825.00	121.87	1.73	146.18	2.20	常温高压
12	大北304井区	6939.47	−5482.00	115.13	1.69	148.56	2.20	常温高压
13	博孜7	7582.00	−5933.51	136.44	1.83	134.41	1.71	常温超高压
14	博孜9	8040.85	−6560.26	144.34	1.83	152.87	1.80	高温超高压
15	博孜13	7218.25	−5423.31	133.80	1.89	126.55	1.86	常温超高压
16	博孜18	6945.00	−5184.70	125.01	1.83	114.72	1.71	常温超高压
17	大北9	5206.17	−3422.17	81.20	1.61	102.60	1.52	常温高压
18	大北17	6317.78	−4729.11	105.71	1.71	117.65	1.80	常温高压
19	大北11	5765.13	−4162.00	89.99	1.59	115.36	1.87	常温高压
20	大北12	5728.78	−3758.16	87.16	1.55	114.06	1.52	常温高压
21	大北14	6432.00	−4721.00	97.74	1.55	123.00	1.14	常温高压
22	博孜21	6256.50	−4581.72	109.49	1.78	121.87	1.80	常温高压

2. 流体性质

博孜-大北地区流体以凝析气为主，气油比变化较大，凝析油含量呈环带状分布，外环含量高。

天然气具有甲烷含量高、非烃含量低的特点，天然气组分中甲烷含量 83.71% ~ 92.26%，平均 87.63%；乙烷含量 3.74% ~ 9.51%，平均 6.54%；丙烷及以上烃组分含量 0.13% ~ 1.02%，平均 0.45%；氮气含量 1.23% ~ 3.37%，平均 2.33%；CO_2 含量 0.17% ~ 0.74%，平均 0.32%，不含 H_2S；天然气相对密度 0.60 ~ 0.66，平均 0.64。

凝析油密度 0.77 ~ 0.80g/cm^3（20℃），平均 0.79g/cm^3；动力黏度 0.87 ~ 1.25mPa·s（50℃），平均 1.03mPa·s；含硫 0.01% ~ 0.07%，平均 0.3%；含蜡 12.48% ~ 18.83%，平均 14.33%。气藏凝析油总体具有密度低、黏度低和含蜡高的特点。

地层水 pH 值 5.42 ~ 7.13，平均 6.40；密度 1.09 ~ 1.15 g/cm^3，平均 1.12g/cm^3；氯离子含量 86300 ~ 118000mg/L，平均 101163mg/L；总矿化度 144000 ~ 200000mg/L，平均 180000mg/L，水型 $CaCl_2$ 型，为封闭条件较好的地层水。

PVT 样分析表明，地层流体相态特征表现为临界压力低（8.34 ~ 38.52MPa），临界温度低（-98.2 ~ -34.1℃），露点压力低（33.96 ~ 54.65MPa），地露压差大（41.81 ~ 92.49MPa），显示流体以轻组分为主，含少量重烃。临界凝析压力为 37.92 ~ 58.01MPa，临界凝析温度 200.9 ~ 397.6℃，地层温度处于临界温度右侧，定容衰竭过程中最大反凝析压力为 14MPa，最大反凝析液量 0.25% ~ 9.53%，平均值为 3.02%。

3. 气藏类型

整体上，博孜-大北区块气藏普遍有水，以层状边水气藏为主，气藏内部整体连通。结合储层的纵横向展布、气水界面（或圈闭溢出点）以及温压、流体性质等资料综合分析，认为已开发的大北区块整体为层状边水断背斜型常温高压湿气藏（大北 3 区块为干气），局部断块具块状底水特征；大北 11 区块、大北 12 区块、大北 9 区块为层状边水断背斜型常温高压湿气藏；博孜 1 区块（包括评价区）、博孜 3 区块、博孜 18 区块、大北 14 区块、大北 17 区块和博孜 12 区块为层状边水断背斜型常温高压—超高压凝析气藏，博孜 9 气藏为层状边水断背斜型高温超高压凝析气藏，博孜 7 区块为层状边水断背斜型高温超高压轻质油藏。

第二节　塔里木盆地碳酸盐岩储层地质特征

塔里木盆地碳酸盐岩分布面积 24×10^4km^2，有利勘探面积 14×10^4km^2，主要有利区域为塔北隆起、塔中隆起和麦盖提斜坡，塔中、塔北、塔东、巴楚四大隆起区及斜坡和临近凹陷富集碳酸盐岩油气资源量达 46×10^8 t。纵向上碳酸盐岩分布在震旦系—寒武系—奥陶系，沉积厚度近 3000m。多期岩溶作用控制了多层系规模层间岩溶储层大面积发育，形成大型碳酸盐岩富油气区带，油气资源潜力巨大。

主要包括以下 4 种储层类型，不同储层类型其储集空间、储层物性特征表现有所不同：（1）以轮西、轮东及塔河油田为代表，以石炭系泥岩为盖层的奥陶系潜山风化壳型储层，储集空间以溶孔溶洞为主、裂缝为辅。（2）以牙哈和英买力为代表，以白垩系卡普沙良泥岩为盖层的寒武系潜山风化壳型储层，储集空间为溶孔溶洞加裂缝。（3）以塔中 I 号断裂坡折带为代表，以上奥陶统泥岩作盖层以中下奥陶统颗粒石灰岩礁滩相储层，储集空间为蜂窝状溶孔为主。（4）以轮东和英买 2 为代表，以中上奥陶统泥岩作盖层的中下奥陶统石灰岩储层，储集空间以裂缝和基质孔为主。以上 4 种碳酸盐岩油气藏储层有一定的区别，但更多的是共性。本节以哈拉哈塘油田、富满油田和塔中 I 号气藏为例，阐述塔里木盆地缝洞型碳酸盐岩储层地质特征。

一、哈拉哈塘油田层间岩溶缝洞型碳酸盐岩油藏

哈拉哈塘潜山碳酸盐岩储层位于塔北隆起轮台凸起以南，英买力低凸起以东、轮南低凸起以西，南邻满加尔凹陷，勘探面积达 4340km²，占塔北地区碳酸盐岩勘探面积的 81.07%。哈拉哈塘奥陶系碳酸盐岩储层是受岩溶发育程度控制的由多个不同规模岩溶缝洞单元在空间上叠合组成的大型底水缝洞型油藏，属于一种与古风化壳有关的，由多个缝洞单元在空间上叠合组成的岩溶缝洞型复合油藏，由哈 6、哈 7、新垦、金跃、金跃等区块构成，储层埋深 6600~7300m，勘探面积 567.98km²，探明原油地质储量 16517.4×10⁴t，溶解气地质储量 198.26×10⁴t。

（一）储层岩性特征

哈拉哈塘油田奥陶系主要油层岩性差异明显，良里塔格组良 3 段储层岩性为灰白色亮晶砂屑石灰岩、亮晶藻砂屑石灰岩、亮晶藻砂砾屑石灰岩，其中亮晶颗粒石灰岩占 78.6%，颗粒泥晶石灰岩占 9.5%，主要为台缘礁滩体沉积。一间房组：储集岩主要为亮晶砂屑石灰岩、亮晶砂砾屑石灰岩、亮晶鲕粒石灰岩、亮—泥晶生屑石灰岩和泥晶石灰岩。据岩心、岩屑资料统计，亮晶颗粒石灰岩占 64.6%、泥晶颗粒石灰岩占 9.9%、颗粒泥晶石灰岩占 16.1%、泥晶石灰岩占 9.3%，主要是开阔台地相的台内鲕粒砂屑滩夹生物点礁沉积岩类。

（二）储集空间特征

哈拉哈塘油田奥陶系油层主要分布在良里塔格组良 3 段、一间房组和鹰山组三个层段，一间房组和鹰山组上部是主要含油层系。薄片分析，有效储集空间以次生

的溶蚀孔洞和裂缝为主。成像测井解释井周孔洞、裂缝发育，但薄片和成像测井不能完全代表碳酸盐岩储油空间。根据钻井情况来看，钻井过程中放空、漏失频繁，大型裂缝体和洞穴是主要的储集空间。根据储集空间可将储层划分为洞穴型、裂缝—孔洞型、裂缝型三种。储层主要分布在石灰岩或潜山顶面之下120m以内，主力产层为一间房组。

哈拉哈塘奥陶系储层主要受断裂带控制影响，断裂带控制了其大面积层间岩溶区缝洞型储层的发育，油气沿断裂富集特征明显，油藏呈准层状特征。岩溶储层在三维地震上表现为"串珠""片状强"和杂乱反射特征，空间结构复杂。

（三）储层物性特征

哈拉哈塘油田奥陶系良里塔格组良3段——一间房组岩心孔隙度0.07%～6.37%，平均值1.22%，主峰位于0.5%～1.8%；渗透率0.036～36.6mD，平均值0.77mD，主峰位于0.1～1.0mD（图1-2-1）。储层基质低孔隙低渗透，基本不具有储油气能力，裂缝和孔洞为主要储渗空间。

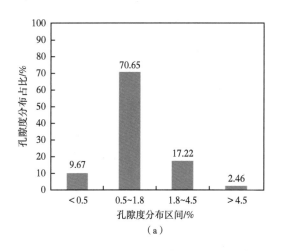
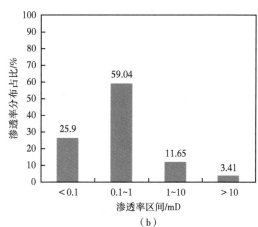

图1-2-1　哈拉哈塘油田奥陶系岩心实测孔隙度和渗透率分布直方图

（四）油气藏特征

1. 温度和压力系统

哈拉哈塘油藏属于正常温度压力系统，温度梯度为2.11℃/100m，压力系数为1.1～1.15，但由于储层埋藏深（6000m以上），油藏中深（6705m）处，地层压力达到72.54MPa、地层温度149.08℃（6705m），属高温高压油藏。

2. 油藏流体性质

1）原油性质

哈拉哈塘油田塔河北奥陶系油藏20℃原油密度介于0.7735～1.0100g/cm³，平均

0.8543g/cm³。地面原油性质为低凝固点、高初馏点、高黏度、高含蜡、含硫。原油黏度高达 153.2mPa·s，沥青质含量在 1.74%~20.14%，原油含硫平均达到 0.78%。热瓦普区块奥陶系碳酸盐岩油藏原油性质分布差异性较大，受后期油气充注影响，原油密度由北向南变稀，南部(如热普 3X 井)为轻质油分布区，局部还出现初始为正常油后变稠的特征(如热普 2X 井)。哈 13-热普 7 缝洞带位于轻质油区。热普 3-5X 井原油密度(20℃)为 0.7891g/cm³，热普 13CX 井原油密度(20℃)为 0.8148g/cm³，西部热普 6CX 井原油密度(20℃)为 0.8041g/cm³。

2）天然气性质

哈拉哈塘油田天然气甲烷含量在 34.2%~83.5% 之间，平均 64.55%；天然气相对密度在 0.65~1.25g/cm³ 之间，平均 0.8399g/cm³；CO_2 含量在 0.05%~17.45% 之间，平均 3.99%。天然气中硫化氢含量为 2.3~450000mg/m³，平均 16535mg/m³。西南部整体硫化氢含量较低，平面上自西南向东北逐渐增加，这种变化特征与地面原油密度变化趋势类似。硫化氢含量高的地方主要分布在工区的东北部哈 7、哈 15、哈 10 储量单元，以及西南部的哈 9 储量单元，后期生产作业应重点加以防范。

3）地层水性质

哈拉哈塘油田塔河北地层水均呈弱酸性，地层水相对密度平均在 1.14g/cm³；pH 值介于 2.30~9.22，平均值为 6.21；Cl⁻ 介于 73200~165000mg/L，平均 129604mg/L；总矿化度介于 100250~272800mg/L，平均 176602mg/L，总矿化度均呈北高南低的趋势分布。据苏林（Sulin，1946）分类标准，水型为 $CaCl_2$ 型，属封闭环境下的高矿化度地层水。

二、富满油田断控岩溶碳酸盐岩油藏

富满油田矿权面积 1.7×10⁴km²，其中埋深不大于 8000m 的有利勘探面积 1.1×10⁴km²，主要包括跃满、富源、哈得 23、跃满西、玉科、果勒、果勒西、鹿场和富源、满满等区块。整体位于阿瓦提凹陷和满加尔凹陷之间的低梁位置，奥陶系一间房组整体表现为向西南倾没的鼻状构造，北东高、南西低，一间房组顶面埋深 6500~8200m。受断裂改造作用影响，局部沿断裂发育小型背斜或断鼻。

（一）断裂发育特征

塔北—塔中奥陶系断裂系统可分为 4 大断裂分区，富满油田主要处于不同断裂分区的交汇部位，断裂特征复杂、多样。富满油田主要发育 $F_1$5 和 $F_1$17 两条区域主干油源断裂（图 1-2-2）。$F_1$5 断裂平面为辫状断裂，剖面上表现为垒堑相间特征，纵向向上断至志留系，向下断至寒武系，断裂活动强度大，破碎带宽度 490~1010m，沿走滑断裂构造变形明显；$F_1$17 断裂平面上表现为辫状断裂特征，剖面上表现为垒堑相间特征，纵向向上断至石炭系，向下断至寒武系，断裂活动强度大，沿走滑断裂构造变形明显。其余北东向和北西向走滑断裂基本断至奥陶系一间房组顶面，以平移走滑为主，局部发育拉分地堑或地垒。

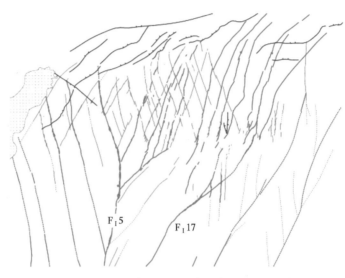

图 1-2-2　富满区块奥陶系断裂纲要图

断裂的分布与性质在平面上具有分段性，通过区域构造成图与断裂要素分析，大型走滑断裂在横向上变化大，由多区段、多种类型样式构成，形成复杂的差异性构造带，出现明显的分段性，通常由直立线性构造带—花状堑垒带—发散马尾带/羽状构造带组合而成。

（二）储层岩性特征

富满油田地层主力含油层系为奥陶系一间房组—鹰山组，一间房组岩性主要为亮晶砂屑石灰岩、亮晶砂砾屑石灰岩、亮晶鲕粒石灰岩、亮—泥晶生屑石灰岩、泥晶藻砂屑藻团块石灰岩、托盘类生物障积岩和泥晶石灰岩。据岩心、岩屑资料统计，亮晶颗粒石灰岩占 42.3%、泥晶颗粒石灰岩占 33.1%、颗粒泥晶石灰岩占 18.2%、泥晶石灰岩占 6.4%，主要是开阔台地相的台内鲕粒砂屑滩夹生物点礁沉积（图 1-2-3）。鹰山组岩性主要为亮晶砂屑石灰岩、亮晶砂砾屑石灰岩、泥晶石灰岩和泥晶颗粒石灰岩为主，其中亮晶颗粒石灰岩占 46%、泥晶石灰岩占 43%、泥晶颗粒石灰岩占 11%，主要为开阔台地内台内滩和滩间海沉积产物（图 1-2-3）。

（三）储层空间特征

储层主要受北东向及北西走滑断裂控制。平面上，储层沿断裂呈条带状分布，断裂破碎带两侧储层不发育。根据断裂破碎带野外露头及水平井横穿断裂破碎带的钻井、录井、测井资料显示，其具有"三段"式的内部结构，一般宽 120~260m，中

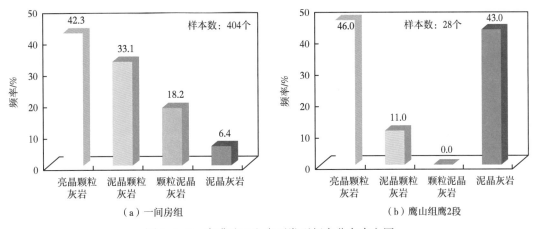

图 1-2-3 富满油田和岩石类型频率分布直方图

间为角砾岩支撑的核部，物性最好，易放空，两旁分别是发育裂缝孔洞和裂缝储层的基岩，物性逐渐变差，裂缝孔洞储层段会漏失，裂缝基岩段有气测显示（图 1-2-4）。纵向上，储层受断裂面控制，深浅不一。垂直断裂方向，储层一般呈线状，局部呈漏斗状（F_I5 断裂），且储层发育具有穿层现象，可分为一间房组储层、鹰山组储层和一间房组—鹰山组储层；沿断裂方向缝洞储层十分发育，呈"板状体"，根据局部发育程度，一般呈块状、漏斗状、线状。储层发育主要受不同级别断裂带控制，实钻位于断裂带附近的钻井多发生放空和漏失，钻遇放空、漏失的井测试均获得高产油气流，表明断裂带对储层发育具有明显的控制作用。走滑断裂错断、破碎、溶蚀形成巨大储集空间，为油气的只要储存空间。断控岩溶储层在三维地震上表现为"串珠"、杂乱反射特征，空间结构复杂。

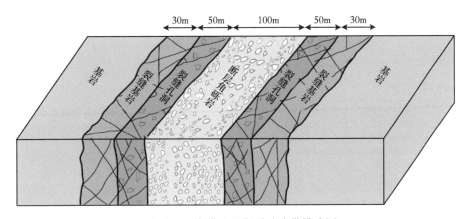

图 1-2-4 富满油田断裂破碎带模式图

（四）油藏特征

1. 温度和压力系统

富满油田奥陶系一间房组和鹰山组纵向连通性较好，属于同一套温压系统。用实测数据与测点海拔（深度）进行回归，油藏中深范围为 7104.3~7465.0m，海拔为 −6500.5 ~ −6142.8m，计算得到油藏温度 146.93 ~ 153.86℃，油藏压力 82.35 ~ 84.82MPa，压力系数 1.14~1.16，属于正常温压系统。

2. 油藏流体性质

1）原油性质

富满油田原油属于低黏度、低含硫、少胶质和沥青质的中轻质原油。地面原油密度 0.7950~0.8772g/cm³，平均 0.8211g/cm³，整体表现为果勒、玉科区块低，跃满、跃满西及富源区块较高，哈得 23 区块最高；50℃原油黏度 1.23~6.27mPa·s，平均 2.58mPa·s；原油凝固点 −30~22℃，平均 −8.5℃；原油含硫量 0.008%~0.700%，平均 0.197%；胶质+沥青质含量 0.11%~7.71%，平均 1.14%，见表 1-2-1。

表 1-2-1　富满油田地面原油性质统计表

区块	地面原油密度（20℃）/ g/cm³		黏度（50℃）/ mPa·s		凝固点/℃		含硫量/%		胶质+沥青质/%	
	范围	平均	范围	平均	范围	平均	范围	平均	范围	平均
跃满	0.795~0.839	0.8110	1.23~3.04	1.81	−30~10	−14	0.108~0.428	0.210	0.12~2.97	0.79
富源	0.803~0.847	0.8280	1.53~4.94	3.12	−26~22	2	0.047~0.355	0.173	0.35~2.59	1.32
哈得23	0.812~0.877	0.8338	1.85~5.47	2.91	−30~8	−12	0.008~0.700	0.330	0.30~7.71	1.12
跃满西	0.807~0.828	0.8203	1.81~2.70	2.33	−20~1	−11	0.164~0.178	0.171	0.96~1.58	1.27
玉科	0.812~0.818	0.8150	1.87~2.13	1.97	−10~−6	−7	0.156~0.171	0.164	0.38~0.44	0.41
果勒	0.795~0.828	0.8172	1.36~2.58	2.08	−10~18	−7	0.082~0.385	0.151	0.18~1.31	1.45
鹿场	0.845~0.865	0.8520	4.35~6.27	5.40	−30~0	−8	0.227~0.307	0.260	1.89~3.82	2.89
富源Ⅱ	0.813~0.827	0.8197	1.91~2.95	2.29	−28~18	−9.7	0.143~0.318	0.186	0.21~2.28	0.85
满深	0.787~0.798	0.7928	1.23~1.47	1.35	−20~−6	−9.5	0.071~0.302	0.128	0.11~0.25	0.19

2）天然气性质

天然气取样分析结果表明，天然气相对密度 0.6059~1.2750，平均 0.8061；甲烷含量 42.28% ~ 87.50%，平均 69.64%；乙烷以上含量 2.50%~30.95%，平均 12.10%；表现出典型湿气特征，见表 1-2-2。

富满油田硫化氢含量总体偏高，目前已钻单井硫化氢含量最高为 89600mg/m³

（YueM801-HX 井），但个别井不含硫化氢，分布范围 0~89600mg/m³，平均 2485mg/m³，天然气总体属于中含硫天然气。

表 1-2-2 富满油田天然气性质统计表

区块	相对密度		甲烷/%		乙烷/%		硫化氢/（mg/m³）		干燥系数
	范围	平均	范围	平均	范围	平均	范围	平均	
跃满	0.6668~1.2750	0.7841	45.94~84.60	70.33	5.37~16.02	9.17	0~89600	2515	0.79
富源	0.6728~0.8587	0.7781	63.00~84.40	71.53	9.40~30.95	23.00	0~230	104	3.72
哈得23	0.6400~1.0300	0.7700	46.80~87.50	72.60	5.71~16.60	10.17	0~2900	321	4.52
跃满西	0.8297~0.8865	0.8569	54.61~67.03	59.59	26.32~30.61	29.14	0~160	66	
玉科	0.6059~0.6605	0.6409	72.02~91.92	85.93	2.50~5.76	4.11	0~640	194	
果勒	0.6954~0.7692	0.7380	77.56~79.01	78.17	10.60~10.67	10.65	0~17300	85	
鹿场	0.8995~1.2470	1.0615	42.48~42.49	42.48	4.51~12.41	7.16	4~270	107	
满深	0.6794~0.9806	0.8011	81.99~82.62	82.10	2.96~5.93	4.78	40~5100	2880	
富源Ⅱ	0.7492~1.0230	0.8245	42.28~71.68	64.00	2.51~15.31	10.72	0~1200	344	
合计	0.6059~1.2750	0.8061	42.28~87.50	69.64	2.50~30.95	12.10	0~89600	2485	3.01

3）地层水性质

富满油田出水井取样分析化验结果表明，地层水水型为 $CaCl_2$ 型，地层水密度分布范围 1.0373~1.1614g/cm³，平均为 1.0793g/cm³；pH 值分布范围 5.78~7.37，平均为 6.53；氯离子含量分布范围 31400~144000mg/L，平均为 54000mg/L；总矿化度分布范围 101300~239600mg/L，平均为 117500mg/L。

三、塔中Ⅰ号气田

2004 年塔中Ⅰ号坡折带东部上奥陶统良里塔格组获得重大突破后，加速了勘探评价步骤，经过不断探索，下奥陶统勘探也取得重要突破，发现塔中北斜坡下奥陶统岩溶斜坡带呈现整体连片含油气特征，奠定塔中Ⅰ号坡折带整体含油的认识。塔中Ⅰ号气田位于塔中低凸起北斜坡带的塔中Ⅰ号断裂坡折带上。

（一）储层岩性特征

塔中Ⅰ号气田东部Ⅰ区良里塔格组岩石类型主要岩石类型为礁滩相骨架礁石灰岩、颗粒石灰岩和灰泥丘藻粘结岩类，以亮晶颗粒石灰岩和泥晶颗粒石灰岩为主，其他如藻粘结岩、生屑石灰岩、泥晶石灰岩含量较少各井区岩石组成有所差异。塔中 83 井区鹰山组主要岩石类型为亮晶砂砾屑石灰岩、白云质砂屑石灰岩、泥晶石灰岩、泥晶砂屑石灰岩、隐藻粘结岩、泥岩和白云岩。

塔中Ⅰ号气田西部Ⅱ区鹰山组岩石类型主要为石灰岩。根据岩石成分、结构特征，岩石类型包括泥晶石灰岩（含颗粒泥晶石灰岩）与颗粒石灰岩（包括泥晶颗粒石灰岩和亮晶颗粒石灰岩）两种，其他岩性包括云质石灰岩、泥晶白云岩和砂屑白云岩含量较少，各井区岩石组成有所差异。

塔中Ⅰ号气田西部Ⅲ区岩石类型以石灰岩为主，包括泥晶石灰岩（含颗粒泥晶石灰岩）和颗粒泥晶石灰岩（包括泥晶颗粒石灰岩和亮晶颗粒石灰岩）两种；其他岩性很少发育。

（二）储层空间特征

测井解释结果统计表明，塔中地区奥陶系储层均以孔洞型和裂缝孔洞型为主。其中，Ⅰ区良里塔格组以裂缝—孔洞型为主，占 53.8%，典型井有 TZ62-1X 井、TZ62-2X 井、TZ82X 井和 TZ721X 井；孔洞—裂缝型次之，占 30.8%，典型井有 D26X 井、D623X 井；孔洞型 2 口，占 15.4%，典型井为 TZ62X 井。Ⅱ区鹰山组孔洞型储层占 49.312%，缝洞型储层占 37.348%，洞穴型与裂缝型合计占 11.54%；Ⅲ区良里塔格组孔洞型储层占 55.86%，裂缝孔洞型储层占 34.39%，洞穴型储层占 5.14%，裂缝型储层占 3.62%，见表 1-2-3。

表 1-2-3　塔中Ⅰ号气田储集空间类型占比情况　　　　　单位：%

井区	储集空间类型			
	洞穴型	孔洞型	裂缝型	缝洞型
8 井区	13.27	32.79	6.87	47.07
43 井区	5.44	75.69	0.66	18.21
51 井区	0	56.1	18.6	16.3
5 井区	0.85	36.2	0	62.95
10 井区	1.13	45.78	10.88	42.21
平均	4.138	49.312	7.402	37.348

（三）储层物性特征

从Ⅰ区、Ⅱ区和Ⅲ区取心实测物性数据统计表明，从总体上来看，塔中Ⅰ号气田物性较差，平均孔隙度、渗透率均较低，工区基质孔隙度多小于 1.8%（图 1-2-5），渗透率在 0.01~3mD 之间（图 1-2-6）。

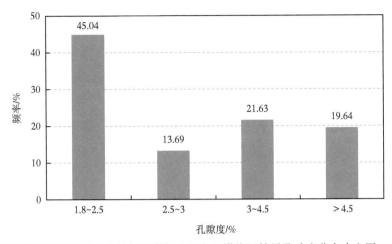

图 1-2-5 塔中 I 号气田东部 I 区良里塔格组储层孔隙度分布直方图

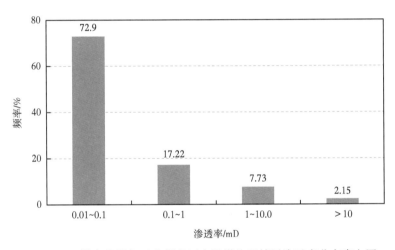

图 1-2-6 塔中 I 号气田东部 I 区良里塔格组储层渗透率分布直方图

(四) 油气藏特征

1. 温度和压力系统

东部 I 区不同井区压力系数 1.11~1.20,地温梯度 2.49~2.77℃/100m。西部 II 区不同井区压力系数 1.06~1.11,地温梯度 2.21~2.52℃/100m;西部 III 区产层的平均地层压力 70.19MPa,压力系数 1.14。平均地层温度 135.02℃,平均地温梯度 2.36℃/100m。均属于正常温压系统。

2. 油藏流体性质

1) 原油性质

通过塔中 I 号气田东部 51 个地面凝析油样品综合分析认为:气田开发试验区地面凝析油密度 0.7716~0.8265g/cm³;50℃动力黏度 0.9202~2.6900mPa·s;凝固点

$-28 \sim 42℃$；含硫 $0.02\% \sim 0.37\%$；含蜡量 $3.63\% \sim 23.44\%$。

良里塔格组产层地面凝析油，主要分布在塔中828—塔中82井区、塔中823—塔中821井区、塔中62-3井区、塔中62-2井区、塔中44—塔中242井区和塔中24—塔中26井区，从表1-2-4中看出这部分地面凝析油密度 $0.7716 \sim 0.8224 g/cm^3$，50℃动力黏度 $0.9202 \sim 2.6900 mPa \cdot s$，凝固点 $-28 \sim 25℃$，含硫 $0.02\% \sim 0.29\%$，含蜡量 $3.63\% \sim 10.25\%$；对比地面凝析油性质可知塔中82—塔中828井区和塔中62-3井区凝析油密度、凝固点、含蜡量相对其他井区低。

鹰山组产层地面凝析油密度 $0.8231 \sim 0.8265 g/cm^3$，凝固点 $31 \sim 42℃$，含硫 $0.27\% \sim 0.37\%$，含蜡量 $17.45\% \sim 23.44\%$，对比地面凝析油性质可知 O_3 气层组具有含硫高、含蜡量高、凝固点高的特点，见表1-2-4。

表1-2-4 地面凝析油性质汇总表

气层组	区块	井区	20℃地面原油密度/(g/cm^3)	50℃动力黏度/$mPa \cdot s$	凝固点/℃	初馏点/℃	含硫/%	含蜡/%	备注
O_1	塔中82	塔中82—塔中828井区	0.7716	0.9342	-28	61	0.06	3.63	凝析油
		塔中823—塔中821井区	0.8165	2.3240	25		0.1	10.25	凝析油
	塔中62	塔中62-3井区	0.7939	0.9202	-10	71	0.03	4.43	凝析油
		塔中62-2井区	0.7930	1.2540	0	71	0.06	5.60	凝析油
		塔中44—塔中242井区	0.8049 ~ 0.8170	1.5600 ~ 1.9943	-10 ~ 10	75 ~ 102	0.02 ~ 0.29	4.92 ~ 8.86	凝析油
	塔中24—塔中26	塔中24—塔中26井区	0.8135 ~ 0.8224	2.3900 ~ 2.6900	9 ~ 18	71 ~ 119	0.18	6.12 ~ 8.21	凝析油
O_3	塔中83	塔中83井区	0.8231		42		0.37	23.44	凝析油
		塔中721井区	0.8265		31	95	0.27	17.45	凝析油

2）天然气性质

通过塔中Ⅰ号气田东部凝析气井62个地面天然气分析样品统计分析结果表明，开发试验区地面天然气甲烷含量 $83.72\% \sim 94.57\%$，CO_2 含量 $1.82\% \sim 4.91\%$，N_2 含量 $1.20\% \sim 10.12\%$，相对密度 $0.60 \sim 0.68$。各井区地面天然气性质见表1-2-5。其中良里塔格组产层地面天然气甲烷含量 $83.72\% \sim 93.21\%$，CO_2 含量 $1.60\% \sim 4.37\%$，N_2 含量 $3.00\% \sim 10.12\%$，相对密度 $0.61 \sim 0.68$。鹰山组产层地面天然气甲烷含量

93.10%~94.57%，CO_2 含量 3.24%~4.91%，N_2 含量 1.20%~3.11%，相对密度 0.60~0.68，见表 1-2-5。

表 1-2-5 地面天然气性质汇总表

气层组	区块	井区	甲烷/%	二氧化碳/%	氮气/%	相对密度
O_1	塔中 82	塔中 82—塔中 828 井区	83.72	2.00	7.38	0.68
		塔中 823—塔中 821 井区	87.60~89.38	3.06~4.37	3.98~6.61	0.64
	塔中 62	塔中 62-3 井区	85.43	3.16	6.20	0.67
		塔中 62-2 井区	91.16	2.00	4.44	0.61
		塔中 44—塔中 242 井区	87.02~93.21	1.60~2.53	3.00~7.98	0.61~0.64
	塔中 24—塔中 26	塔中 24—塔中 26 井区	85.41	1.82	10.12	0.63
O_3	塔中 83	塔中 83 井区	93.10	4.91	1.20	0.60
		塔中 721 井区	94.57	3.24	3.11	0.68

3）地层水性质

通过塔中东部 44 个水分析样品统计分析结果表明，地层水平均密度 1.0794g/cm³，总矿化度平均 116294mg/L，pH 值介于 4.94~7.65，平均值 6.44；氯离子含量 47300~101500mg/L，平均值 69756mg/L，地层水均为 $CaCl_2$ 型。

第二章 库车前陆区超深裂缝性砂岩缝网改造技术

塔里木油田库车前陆区储层地质条件复杂，井况苛刻，埋藏深（5400~8220m）、温度高（150~200℃）、孔隙度低（5%~7%）、渗透率低（0.1~0.01mD），地层压力系数高（1.60~1.90）、裂缝发育非均质性强（裂缝密度0.5~3条/m），自然产能低（自然产能19×10⁴m³/d，配产30×10⁴m³/d）。库车前陆区超深高温、高压、低孔隙度裂缝性砂岩储层在国内独有，世界少有，没有任何成熟经验可借鉴，储层改造面临主要三大难题：

（1）埋藏深、压力系数高和地应力高（最小水平主应力梯度0.023~0.027MPa/m），导致施工压力高，改造施工难度大、风险高。

（2）天然裂缝是产能主要贡献者，天然裂缝走向多样性，天然裂缝受地应力控制，人工裂缝与天然裂缝相互作用的影响因素尚不明确。

（3）储层裂缝整体发育、纵向跨度大（120~300m）、层内和层间非均质性强，若采用目前常规改造工艺，达到全面动用有效储层的难度大。

针对此类储层改造存在的难题和挑战，塔里木油田建立了地质工程一体化改造研究团队，采用理论与实践相结合，以通过研发、引进、完善和创新等攻关思路，深入开展压前储层评价、缝网改造机理研究、三维地质力学、缝网导流能力构建等研究，形成了缝网压裂和缝网酸压两项主体改造技术，实现库车山前构造带勘探发现和效益开发。

第一节 压前储层评估与储层改造思路

一、压前储层评估

库车山前构造带储层为低孔隙度裂缝性砂岩，裂缝发育非均质性强，单一改造工艺不能适应所有储层，库车山前构造带勘探实践表明，天然裂缝是库车山前构造带产能主控因素。库车前陆区天然裂缝发育，目的层钻进过程中，发生有不同程度的井漏现象。对天然裂缝一般是通过成像测井和岩心观察来取得认识，而井漏是从工程角度来认识储层，通过对库车山前构造带迪那气田、大北气田和克深气田等统计发现，存在井漏量越大，漏速越高，单井产量越高的特征，见表2-1-1。

表 2-1-1 克深 2 区块井漏与产能的关系

井号	裂缝数/条	钻井液（完井液等）漏失量/m³	压后无阻流量/10⁴m³	措施
KS2-1-X1	79.0	141.0	550.0	酸压
KS2-1-X2	57.0	92.1	60.9	酸化
KS2-X3	11.0	123.3	180.0	酸压
KS2-X4	42.0	461.9	210.0	酸压
KS2-X5	51.0	76.0	216.0	酸压
KS2-2-X1	70.0	3.5	482.0	压裂
KS2-2-X2	38.0	4.0	466.0	压裂
KS2-2-X3	65.0	11.7	384.0	压裂
KS2-2-X4	64.0	59.5	400.0	压裂
KS2-1-X3	66.0	184.7	207.0	压裂
KS2-1-X4	4.0	0.0	16.0	压裂
KS2-2-X5	8.0	0.0	91.0	压裂
KS2-2-X6	12.0	0.0	27.0	酸压
KS2-2-X7	7.0	0.0	192.5	酸压
KS2-2-X8	30.0	0.0	153.6	酸化
KS2-X6	7.0	0.0	150.0	酸压
KS2-1-X5	47.0	0.0	223.0	酸压
KS2-1-X6	—	0.0	118.0	酸压
KS2-1-X7	43.0	0.0	162.0	酸压
KS2-1-X8	31.0	0.0	35.1	压裂

通过调研文献发现，可以用钻井液漏失量评估裂缝有效性（开度）。根据克深气田改造井的地质特征，选用 Huan Jinsong 等的视开度计算方法，计算克深气田漏失井的裂缝视开度范围在 0.2～1mm，而 FMI 成像解释的克深 2 裂缝的开度峰值在 0.06mm，克深 8 裂缝的开度峰值在 0.2mm，计算值与解释的视开度相差不大。且计算出来的裂缝视开度与改造后无阻流量成正比，与前面统计的漏失量与无阻流量成正比一致，如图 2-1-1 和图 2-1-2 所示。

基于钻井漏失量与产量关系认识，通过地质工程一体化研究，建立了一套综合考虑构造位置、钻井井漏（漏点数量、漏点分布、漏失量）、裂缝发育情况、力学活动性等资料的储层评估分类方法，将储层划分为 3 类，见表 2-1-2。

Ⅰ类储层井特征：位于构造高部位，钻井漏失量大，特征为 5～15 多点漏失，天然裂缝发育，裂缝密度大于 0.4 条/m，天然裂缝与最大主应力的夹角小于 30°。

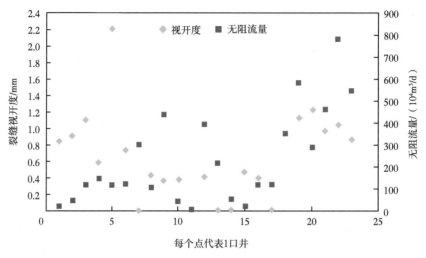

图 2-1-1　克深 2 和克深 8 裂缝视开度和酸压后无阻流量对比

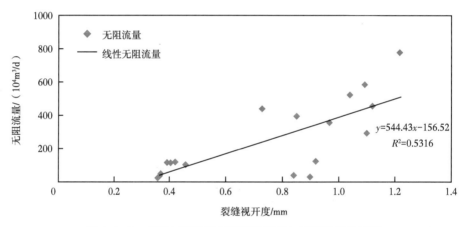

图 2-1-2　克深 2 和克深 8 裂缝视开度与无阻流量关系图

Ⅱ类储层特征：位于构造高部位，钻井漏失量较大，特征为 3~5 多点漏失，天然裂缝较发育，裂缝密度大于 0.3 条/m，天然裂缝与最大主应力的夹角小于 30°。

Ⅲ类储层特征：位于构造较低部位，钻井漏失量少或无漏失，天然裂缝欠发育，裂缝密度小于 0.3 条/m，天然裂缝与最大主应力的夹角大于 30°。

表 2-1-2　库车山前气田白垩系巴什基奇克组储层评估分类

储层分类	Ⅰ类储层	Ⅱ类储层	Ⅲ类储层
井的位置	构造高部位		构造较低部位
岩心裂缝特征	裂缝以半充填或未充填为主，裂缝开度大	裂缝以半充填或未充填为主，裂缝开度大	无裂缝不发育或少量的张剪缝，裂缝尺度小，充填性好

储层分类	Ⅰ类储层	Ⅱ类储层	Ⅲ类储层
成像解释	裂缝密度>0.4条/m 力-缝夹角<30°	裂缝密度>0.3条/m 力-缝夹角<30°	裂缝密度<0.3条/m 力-缝夹角>30°
井漏	漏失量：400~1200m³ 漏失特征：5~15多点纵向均匀分布	漏失量：30~400m³ 漏失特征：3~5多点纵向均匀分布	漏失量：0~30m³ 漏失特征：单点漏失或者不漏
代表井/区	克深8区块，B132（未改造），博孜3	B241，C104	B605，C506

二、储层改造思路

基于储层评估分类，综合已改造井后评估认识，形成改造工艺优选原则，见表2-1-3。

表2-1-3　库车山前气田储层改造工艺优选原则

储层分类	Ⅰ类储层	Ⅱ类储层	Ⅲ类储层
地质力学评估	裂缝易激活	激活难易中等	裂缝激活难度大
工艺优选	重晶石解除+酸压工艺	缝网酸压或缝网压裂	加砂压裂
增产机理	解除近井伤害，连通井筒与天然裂缝系统	提高净压力，通过力学作用激活中远井天然裂缝系统	提高净压力，造长缝，连通远井天然裂缝系统

Ⅰ类储层天然裂缝发育、有效性好，根据前期已改造井过程中井底压力（近似为井下瞬时停泵压力）、地层压力（孔隙压力）、最小水平主应力三者关系（图2-1-3），得知Ⅰ类储层改造过程中井底压力基本等于地层压力，远低于最小水平主应力，改造过程中没有压开新缝，主要以疏通天然裂缝系统为主，优化改造工艺为酸压（化）工艺。

Ⅱ类储层裂缝较发育，有效性一般，储层改造主要目的是激活和支撑天然裂缝系统，同时造水力裂缝沟通远端天然裂缝系统。后评估分析，针对井底净压力小于2MPa的井，改造以激活天然裂缝为主，造人工裂缝为辅，优选缝网酸压工艺；针对井底净压力大于2MPa的井，改造以造人工裂缝为主，激活天然裂缝为辅，优选缝网压裂工艺。

Ⅲ类储层天然裂缝欠发育或者不发育，储层改造的主要目的是造高导流能力水力裂缝，沟通远端的裂缝系统。后评估分析，此类井改造过程中井底净压力大于5MPa，具备水力裂缝扩展延伸条件，优选常规加砂压裂工艺。

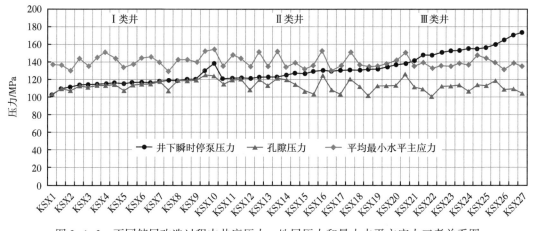

图 2-1-3　不同储层改造过程中井底压力、地层压力和最小水平主应力三者关系图

第二节　缝网改造机理研究

非常规气藏开发实践证实，改造天然裂缝、制造缝网是实现单井高质量提产的关键。但库车前陆区低孔裂缝性致密储层地质条件更苛刻，具有埋藏超深、高地应力、高水平应力差等特点，改造天然裂缝、形成复杂缝网技术难度更大。为此，塔里木油田储层改造研究团队聚焦储层地质力学评价、复杂缝可行性评价、复杂缝扩展机理、复杂缝网导流高效构建机理等方面开展翔实研究，证实了高水平应力差条件下，仍然可以通过适当的工程手段改造天然裂缝、制造缝网[1-2]，全面了解了储层缝网增产改造机理，为库车山前储层改造工艺优选及施工参数优化奠定了基础。

一、储层地质力学评价

储层地质力学是非常规油气勘探开发的基础信息，包括储层地质评价、裂缝识别、岩石力学性质、地应力等。为了厘清储层改造过程中地质力学对储层改造效果的影响，从而为储层改造方案的制定和优化提供有效的技术支持，本节基于单井地质力学研究，对影响储层改造效果的杨氏模量、泊松比、内摩擦系数、抗压强度等关键参数进行分析，并结合区域构造特征、沉积环境及地震属性进行精细三维地质力学研究，为库车前陆区储层缝网改造机理，储层改造方案优化提供了重要支撑。

（一）储层岩石力学参数评价

储层岩石力学参数评价主要开展了力学参数测试（包括岩石抗张强度测试、单轴力学测试及三轴力学测试），并进行了测试数据的分析和处理，获得了岩石抗张强度、弹性模量、泊松比、单轴抗压强度和三轴抗压强度等岩石力学参数。

1. 岩石抗张强度测试

岩石抵抗拉伸破坏的最大能力称为岩石的抗张强度。抗张强度有多种测试方法，本次测试采用劈裂法测定岩石的抗张强度。劈裂法是沿加工成规则圆柱体试件直径方向施加相对线性载荷，使试件内部沿径向产生拉应力而破坏的试验方法。选择全充填、半充填纵向贯通的裂缝性砂岩岩心进行抗张强度测试，以对比不同充填程度天然裂缝对岩石抗张强度的影响；并对不含裂缝的泥岩也进行抗张强度测试，以测试泥岩对抗张强度的影响。

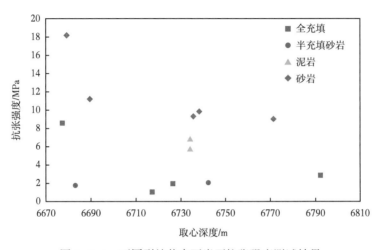

图 2-2-1 不同裂缝状态下岩石抗张强度测试结果

测试结果如图 2-2-1 所示，由抗张强度测试结果可知，库车山前储层抗张强度介于 2~18MPa，一般小于 10MPa，不同岩石性质岩心抗张强度差异明显，其中基质砂岩抗张强度高于裂缝性砂岩抗张强度，但充填致密、破裂面不沿天然裂缝面的裂缝性岩心抗张强度接近基质砂岩；泥岩抗张强度低于基质砂岩抗张强度，高于沿裂缝破裂的砂岩抗张强度；充填程度高的岩心抗张强度较大。可见，库车山前目标储层岩心抗张强度影响因素主要为岩性、破裂面方向、充填程度、胶结强度、裂缝开度。

2. 单轴抗压强度测试

岩石的单轴抗压强度是岩石最重要的物理力学性能之一，测试得到的岩石力学参数可以为测井解释结果进行校正，进一步为储层描述提供重要依据。根据单轴岩石力学测试结果，获取了巴什基奇克组单轴抗压强度大小及变化规律。不同深度、不同岩性单轴抗压强度测试结果如图 2-2-2 和图 2-2-3 所示。

由测试结果可知，白垩系巴什基奇克组储层单轴抗压强度（UCS）高，介于 66~170MPa，单轴杨氏模量大，介于 18~39GPa，表明储层岩石硬度大。不同深度、不同岩性、不同结构岩石强度差异较大。基质砂岩脆性高，整体破碎成块状，强度高，

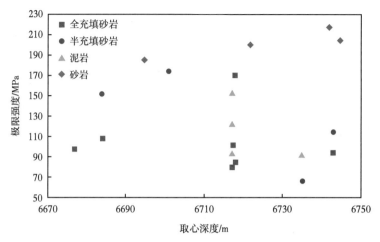

图 2-2-2　不同深度下岩心单轴压缩强度测试结果

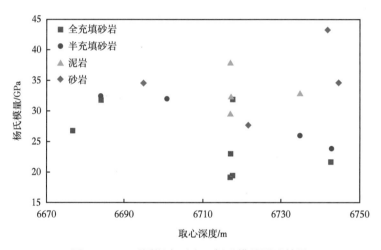

图 2-2-3　不同深度下岩心杨氏模量测试结果

大于 200MPa，但取心深度小（6695.09m）且以劈裂成直缝形式破裂的岩心，强度相对较低。泥岩以贯穿缝破裂为主的强度较大，如图 2-2-4 中 36 号和 37 号岩心。端部破碎的岩心强度较小，如图 2-2-4 中 35 号和 38 号岩心。

全充填裂缝岩心测试结果如图 2-2-5 所示，结果显示全充填裂缝倾角小，单条发育，充填致密，破裂形式以拉张形成贯穿缝为主，强度接近基质砂岩，如图 2-2-5 中 54 号岩心。而以剪切破裂为主的岩心，强度相对较低，如图 2-2-5 中 56 号岩心。倾角小，网状发育，破裂首先在裂缝处形成破碎带，该类岩心强度最低，如图2-2-5 中 51 号和 53 号岩心。模量高的岩心，抗压强度较大，如图 2-2-5 中 52 号岩心。

总之，岩石单轴抗压强度是多种因素共同控制的，主要包括岩性、裂缝发育程度、充填程度、天然裂缝倾角、破裂面方向、破裂形式、杨氏模量。观察岩石强度，

图 2-2-4　泥岩岩心单轴压缩实验前后对比

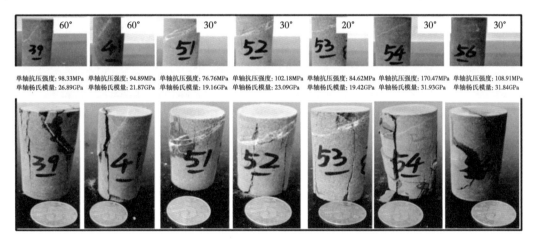

图 2-2-5　全充填裂缝岩心单轴压缩测试前后对比

砂岩岩样普遍高于泥岩岩样，有裂缝岩样普遍低于同等岩性无裂缝岩样，且高倾角岩样普遍低于低倾角岩样；同等条件下，充填程度低的岩样，单轴抗压强度较低。岩石破裂面方向不沿天然裂缝的岩样强度高于沿天然裂缝破裂的岩样强度；剪切形式破裂岩样的强度低于轴向劈裂的岩样强度；岩石杨氏模量高的岩样其强度也较高。

3. 三轴抗压强度测试

真实地层条件下的三轴岩石力学测试对分析储层力学性质有直接影响，为优化施工设计提供重要的力学参数。表 2-2-1 展示了 B205 井和 B207 井部分岩心的岩石力学参数，从实验结果来看，B205 井平均杨氏模量为 58.58GPa，平均泊松比为 0.274；B207 井平均杨氏模量为 41.39GPa，平均泊松比为 0.31。

表 2-2-1　B205 井和 B207 井岩石力学参数测试结果

井号	深度/m	有效围压/MPa	静态杨氏模量/GPa	静态泊松比（平均）
B205	7085.19	99	17.05	0.29
	7085.66	99	—	0.33
	7085.93	99	19.65	0.25
	7091.6	99	—	0.25
	7092.84	99	72.04	0.25
	平均值	—	58.58	0.27
B207	6795.65	5	17.40	0.29
		5	33.57	0.26
		30	33.6	0.32
		30	40.18	0.42
		60	37.95	0.35
		60	44.5	0.40
		99	32.23	0.33
	6795.78	5	18.00	0.28
		5	33.99	0.21
		30	33.81	0.27
		30	46.85	0.31
		60	40.47	0.31
		60	46.33	0.34
		99	41.22	0.33
	6796.79	5	48.83	0.29
		5	54.07	0.31
		30	53.43	0.30
		30	53.80	0.41
		60	52.41	0.31
		60	48.31	0.30
		60	51.31	0.31
		99	48.38	0.28
	平均值	—	41.39	0.31

4. 摩尔-库伦破坏准则参数

单轴抗压强度是指岩石试件在单向受压至破坏时，单位面积上所能承受的荷载，简称抗压强度。内摩擦角是指抗剪强度线在二维坐标平面内的倾角。表 2-2-2 给出了多组三轴抗压测试得到的内摩擦角及单轴抗压强度。从表 2-2-2 中可以看出，平均内摩擦角为 40°，平均单轴抗压强度值为 220MPa 左右，这和致密岩石的强度参数趋势一致。

表 2-2-2　摩擦角及单轴抗压强度的测试结果

井号	深度/m	内聚力/psi	内摩擦角/(°)	单轴抗压强度/kPa
KS2-2-X1	6699.36	7252	43	229988
KS2-2-X2	6721.73	7222	42	223678
KS2-1-X3	6731.35	6655	45	221550

5. 断裂韧度参数

在弹塑性条件下，当应力场强度因子增大到某一临界值，裂纹便失稳扩展而导致材料断裂，这个临界或失稳扩展的应力场强度因子即断裂韧度。它反映了材料抵抗裂纹失稳扩展即抵抗脆断的能力。对 4 个试样开展了动态摩擦实验来确定储层岩石的断裂韧度。测试成果见表 2-2-3。测试给出的平均断裂韧度为 $2.42\text{MPa}\cdot\text{m}^{0.5}$。

表 2-2-3　断裂韧度测试成果

井号	试样	深度/m	断裂韧度/($\text{MPa}\cdot\text{m}^{0.5}$)
KS208	1	6598.57	3.100
KS2-1-5	2	6676.96	0.989
KS2-2-4	3	6673.72	2.707
KS2-2-3	4	6804.32	2.885
平均值			2.420

（二）单井一维岩石力学剖面建立

地层间或层内的不同岩性岩石物理特性、力学特性和地层孔隙压力异常等方面的差异造成了层间或层内地应力分布的非均匀性。某些地层特别强烈的地应力各向异性对井壁稳定有着非常显著的影响。因此有效地获取研究区地层的现今地应力大小及方向对油气田的勘探与开发有着非常重要的意义。关于现今地应力的获取方法，总结起来，有如下几种途径：（1）直接测量法，直接测量法又可分为岩心测量和矿场实地测量，但这种方法实施不易，费用高昂，且只能获得离散点的数据，因此主要用来对测井计算结果做岩心刻度标定；（2）测井资料计算法，这种方法易于挖掘使用现有资料，提高矿场资料的利用率，且可以方便、迅速地建立沿深度连续分布的地应力剖面，现已普遍使用；（3）数值模拟法，这种方法可依据已建立的地质模型和力学模型，得到研究区的平面或三维应力场分析结果，目前已得到较多的研究，越来越被重视[3]。根据库车山前前陆区现场资料情况，总结了以下几种现今地应力大小的确定方法：

（1）Kaiser效应测定地应力大小。

利用声发射Kaiser效应法测定地下岩层的地应力，首先是由Kanagawa（1977）提出的[4]，当对取自现场的岩样在室内进行匀速加载时，岩样中由于裂纹的出现将产生一系列声信号，当所加载达到岩样在地下所受过的最大应力时，岩样中产生的信号将有一个突然显著的增加，这种现象称为Kaiser效应，它不仅在岩石类材料中存在，在其他材料中也同样能观察到。利用岩石的Kaiser效应，通过观察岩样在加载过程中发出的声信号变化，即可测出岩样在地下所受到的地应力。

由于岩石在地下受三向力的作用，故需在不同方向取心进行实验，一般平面应力状态的确定需要取三个水平方向（各相隔45°，如图2-2-6所示）的岩样。

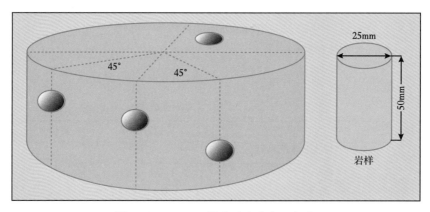

图2-2-6　Kaiser效应地应力取心方法

利用岩石声发射资料计算地应力值的方法是目前实验室确定地应力的重要方法之一，称为AES法。当确定出最接近现今的一期构造活动对应的Kaiser效应点后，可按公式进行地应力值的估算和方位确定[5]。

（2）差应变法测定地应力大小。

岩样从地下应力状态下取出，由于消除了地下应力作用而引起岩石中的微裂缝张开。它们张开的方向和密度正比于从地下取出岩样的就地应力状态。因此取心过程中的应力释放而造成的微裂缝的优势分布就是地应力状态的直观反映。

在试验时，对试样加围压过程中，岩石的压缩可看作应力释放时岩石膨胀的逆过程，当岩石的力学性质为各向同性，且知道一个主应力值时，则可利用主应力与其应变的比值关系确定地应力的大小。

将钻井取心加工成平行于岩心轴向的立方形岩块，将每组三个成45°角的应变片贴在三个相互垂直的平面上，将其放入加压室内。对制备好的岩样进行重复加载，加三向等同的围压，同时测得各方向的应变量，并由此确定主应变特征及其对应的地应力值。

（3）压裂法（HPF）测定地应力大小。

利用压裂施工资料确定地应力的方法是目前最直接最可靠的方法之一。由施工曲线（图2-2-7）得到典型点特征压力后可以确定出地应力大小（消除了邻层，岩性变化等因素影响），该方法称为HPF法[6]，计算原理介绍如下。

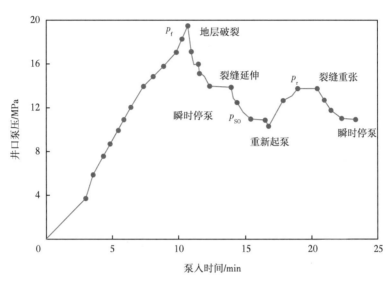

图2-2-7　典型井水力压裂施工曲线

最小水平主应力、最大水平主应力为

$$\sigma_3 = p_c \qquad (2\text{-}2\text{-}1)$$

$$\sigma_2 = 3\sigma_3 - p_r - p_s \qquad (2\text{-}2\text{-}2)$$

式中　σ_3——最小水平主应力，MPa；

　　　p_c——地层闭合压力，MPa；

　　　σ_2——最大水平主应力，MPa；

　　　p_r——裂缝重张开压力，MPa；

　　　p_s——地层流体压力，MPa。

（4）测井资料分层地应力解释。

前面已述及，关于利用试验方法测定地应力，因其测量数量有限，不能得到连续的地应力剖面，而测井资料具有连续性好、分辨率高的特点，因此通过测井资料可以获得连续的地应力剖面。而将由实验方法及大型压裂施工资料所取得的成果，作为测井资料构建分层连续地应力数学模型中构造应力系数的计算及校正连续地应力剖面。

　　一般来说，对于一个特定的研究区域，要建立正确的地应力模型，就需要准确地确定如下参数信息：各种地应力（σ_1，σ_2，σ_3）的大小和方向、地层孔隙压力、岩石机械力学性质如岩石力学强度、岩石内摩擦系数、泊松比、Biot 系数等。同时应根据已有条件适当性地考虑其他因素影响，包括钻井液的化学性质、薄弱地层（特殊地层如盐层）的影响、原生断层、裂缝的分布、地热因素影响等。

　　此外，进行地应力研究，首先应当了解其所处于区域地应力类型。根据垂直主应力（σ_v）和两个水平主应力（σ_h 和 σ_H）之间的关系，将地应力分为三种地应力类型，即正常地应力类型（$\sigma_v>\sigma_H>\sigma_h$）、走滑地应力类型（$\sigma_H>\sigma_v>\sigma_h$）及反转地应力类型（$\sigma_H>\sigma_h>\sigma_v$）。图 2-2-8 用图示方法介绍了这三种地应力类型。对于工区内克深区块储层，其地应力状态为走滑地应力类型，即 $\sigma_H>\sigma_v>\sigma_h$。

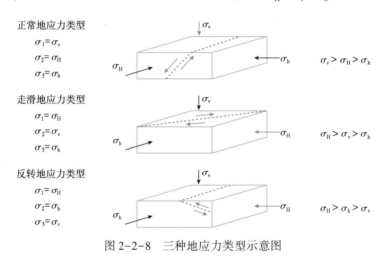

图 2-2-8　三种地应力类型示意图

　　当确定研究区地应力状态之后，必须选择合适的并且考虑相应因素的地应力计算模式，即正确地计算出目的层位的三向应力。结合单井测井数据计算构建岩石动静态力学参数关系模型，并以此为基础，通过地应力计算模型计算出井区单井一维应力剖面。图 2-2-9 为计算的 KS13-X1 井岩石力学参数及地应力一维剖面。

（三）单井三维岩石力学剖面建立

　　随着勘探开发的不断进行，仅仅利用单井岩石力学参数和地应力参数解释模型，对单井测井数据进行解释，还远远不能满足现场的需要。由于井间储层属性未知，必须利用三维建模手段，对井间的岩石力学参数进行预测，才能精确指导现场的改造施工。在一维岩石力学精细建模的基础上基于图 2-2-10 所示的流程建立三维岩石

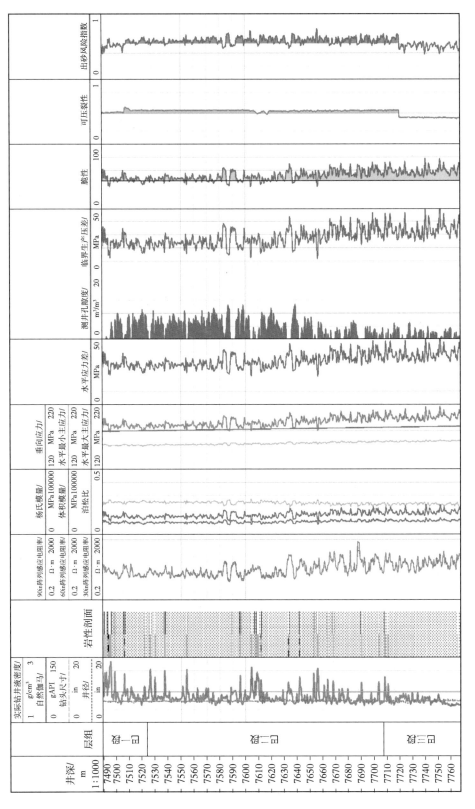

图 2-2-9 KS13-X1 井岩石力学参数及地应力剖面

力学模型：首先根据三维地质模型建立三维有限元网格；由于目前地震数据的局限性，无法直接从地震属性确定岩石力学参数的三维展布，通过多井空间插值纵横波时差、密度及一维岩石力学研究成果确定三维岩石力学参数，包括杨氏模量及泊松比、单轴抗压强度、内摩擦角、抗拉强度；模型中集成三维孔隙压力体；利用三维岩石力学软件 VISAGE 确定原场应力，包括最小水平主应力、最大水平主应力及上覆岩层压力。

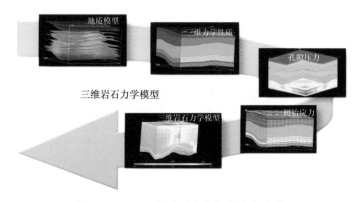

图 2-2-10　三维岩石力学模型建立流程

1. 三维有限元网格

图 2-2-11 给出了克深 2 研究区域的三维有限元网格，左边为研究范围内储层的模型，右边为增加了上覆岩层、下伏岩层及侧面岩层的整体模型。整体模型覆盖从地面到 8000m 的范围。在储层部位采用高精度单元，竖向单元厚度为 3m 左右；水平方向上，由于储层处于南北冲撞带，构造沿东西向展布，可以认为物性和应力沿南北向变化较东西向剧烈，因此取网格尺度为东西向 150m，南北向 80m。在储层部位之外的上覆岩层、下伏岩层及侧面岩层逐步过渡到粗网格。整体模型的总单元数超过 1000×10^4。

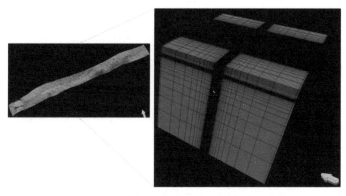

图 2-2-11　克深 2 研究区域三维有限元网格

2. 三维岩石力学参数的确定

在三维有限元网格建立之后，通过三维插值确定了三维岩石力学参数的展布。

图 2-2-12 给出了的静态杨氏模量的分布。从图 2-2-12 中可以看出，储层的静态杨氏模量为 48GPa 左右，表明岩石十分坚硬。图 2-2-13 显示了泊松比的分布，储层泊松比 0.13~0.38。图 2-2-14 给出了单轴抗压强度（UCS）的分布，横向及纵向上均有变化，平均值为 170MPa。图 2-2-15 给出了内摩擦角的分布，从图中可以看出，储层摩擦角为 40° 左右。得到三维岩石力学参数后，需要通过与一维岩石力学参数的对比确定其合理性。具体做法为在三维岩石力学参数体中沿研究范围内所有井的井轨抽取岩石力学参数并使其与对应井的岩石力学参数对比，如其大体匹配则得到的三维岩石力学参数是合理的。

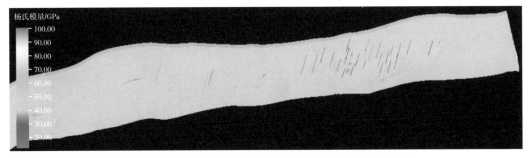

图 2-2-12　克深 2 研究区域杨氏模量

图 2-2-13　克深 2 研究区域泊松比

图 2-2-14　克深 2 研究区域单轴抗压强度

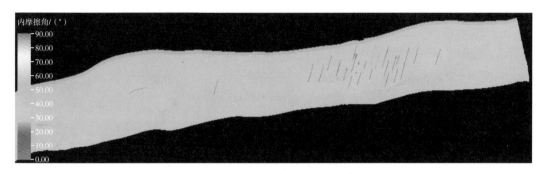

图 2-2-15　克深 2 研究区域内摩擦角

图 2-2-16 给出了储层段部分井的一维和三维岩石力学参数的对比（红线为一维，黑线填充为三维）。可以看出，一维和三维岩石力学参数匹配较好。

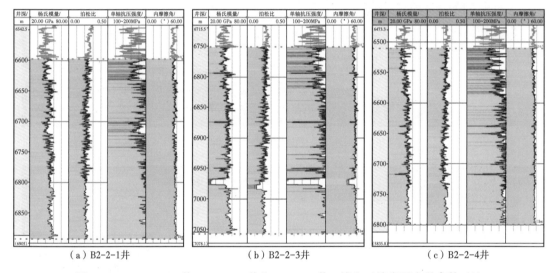

（a）B2-2-1井　　　　　　（b）B2-2-3井　　　　　　（c）B2-2-4井

图 2-2-16　B2-2-1 井、B2-2-3 井和 B2-2-4 井一维和三维岩石力学参数对比

在库车山前存在走滑和正断层，断层的存在会影响到原场地应力的分布。一般而言，断层会导致附近的应力大小下降，最大主应力方向偏转而倾向于与断面平行。为了分析断层对原场地应力的影响，从地震解释中选取 20 条关键断层并将其嵌入三维岩石力学模型中，并采用断层单元来模拟断层的几何结构的空间分布。

考虑断层单元的三维 VISAGE 模型需要对断层属性进行评估，由于断层属性很难直接进行测量得到，那么如何获得合理的断层属性显得尤为重要。在断层属性的评估上有一套完整的思路和流程。在 VISAGE 模型中，断层的属性包括法向刚度、剪切刚度、内聚力、内摩擦角以及拉张强度。在断层的评估上主要是运用了等效材料的思想，综合考虑断层及完整岩石的材料属性，根据等效杨氏模量和剪切模量来评估断层的属性。断层由嵌入有限元网格的平面表征（图2-2-17）。对断层的切向刚度通常取法向刚度的40%~60%。断层的内聚力一般取一个较低的值，在库车前陆区取完整岩石的1/10。

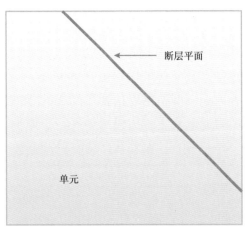

图2-2-17　断层单元

3. 三维地应力场的确定

确定三维岩石力学参数后，结合一维岩石力学模型研究的成果（如水平地应力梯度、水平地应力方向等）运用VISAGE进行原场地应力的分析。类似于岩石力学参数，合理原场地应力的原则是在三维原场地应力中沿井轨抽取的地应力剖面需要与一维地应力剖面大体匹配。

图2-2-18给出了断层附近的若干井的一维和三维地应力剖面的对比，结果显示对这些井三维岩石力学得到的水平地应力较低。这是三维岩石力学考虑了断层的存在使得附近地层整体刚度下降的效应，因而得到的应力也较低。

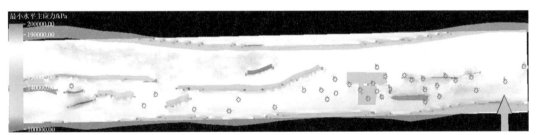

（a）一维地应力分布

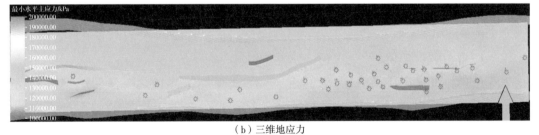

（b）三维地应力

图2-2-18　克深2区一维地应力与三维地应力对比

断层除了对水平主应力大小有影响，对方向也有影响，在整个区域内最大水平主应力几乎总是沿着南北方向，仅在局部地方有偏转。最小水平主应力偏转与断层的相关性是非常明显的，但是偏转幅度非常有限。表2-2-4中给出了各井实测应力方向与模拟应力方向结果的对比，可以看到除主应力沿南北方向的各井外，其余各井的预测应力方向与实测方向有着一定的差距。这说明了仅仅考虑地层的非均质性、地层几何因素不足以解释该区域复杂多变的应力方向，而在目前的水平网格精度下（150m×80m）断层单元难以捕捉到离断面很近的地方的水平应力大幅偏转。此外，裂缝带以及某些未被解释到的断层对水平应力方向的影响也是不可忽略的。而在垂直方向上，网格精度达到了约3m，可以捕捉到垂向剖面内应力的局部大幅偏转。在断层附近最大主应力倾向于平行于断面。

表2-2-4　克深2三维岩石力学与一维岩石力学应力方向的对比

井号	方位角/(°)		井号	方位角/(°)	
	一维	三维		一维	三维
B101	70	97	KES2-1-4	90	93
B102	90	93	KES2-1-5	90	89
B105	45	90	KES2-1-6	90	90
B106	65	94	KES2-1-8	0	90

二、复杂缝网可行性评价

克拉苏构造带白垩系巴什基奇克组气测渗透率介于0.01~0.1mD，天然裂缝渗透率介于20~300mD，从业界裂缝性致密储层改造实践经验看，改造天然裂缝、制造缝网是实现单井高质量提产的关键。围绕复杂缝网可行性论证，首先开展参数对比、大物理模拟实验、数值模拟等手段，论证了克拉苏构造带白垩系致密砂岩气藏高水平应力差条件下，仍然可以通过适当的工程手段改造天然裂缝、制造缝网，同时开展现场试验，微地震监测结果证实了复杂缝网的形成。最终确定了克拉苏构造带白垩系致密气藏单井提产要走缝网改造之路，即规模化激活和连通天然裂缝系统以实现单井的增产目标[1]。

（一）岩石脆性指数

岩石的脆性是缝网压裂所考虑的重要岩石力学特征参数之一。裂缝网络形成的必要条件除与地应力分布有关，岩石的脆性特征是内在的重要影响因素。而岩石力学特征参数研究表明，页岩岩石力学性质与致密砂岩有相似之处。因此，库车山前裂缝性致密砂岩储层也可采用脆性指数初步判断缝网形成的难易程度。目前主要根据岩矿组分及岩石特性参数来计算脆性指数。

1. 基于岩矿组分的脆性指数

研究页岩气储层可压性时，根据页岩矿物组分等提出了评价的脆性指数方法[7]。

$$脆性指数（碎度）= \frac{石英含量}{石英含量+黏土含量+碳酸盐岩矿物} \times 100\% \quad (2-2-3)$$

2. 基于力学性质的脆性指数

岩石脆性还可以采用弹性模量和泊松比来计算[8]，而杨氏模量和泊松比并非直接反映岩石脆性的参数，但普遍认为杨氏模量越大，泊松比越小，岩石脆性越好。其实，杨氏模量大小受控于岩石强度和弹性应变量两个方面。脆性指岩石在破裂前发生很小的塑变能力，破裂时全部以弹性能的形式释放出来。比如钢化玻璃的强度低、杨氏模量很小，但不能说明它脆性不好。也就是说硬的不一定脆，脆的也不一定硬。

杨氏模量和泊松比作为岩石的弹性参数，测量方法主要有两种：一种是静态法，通过岩石力学试验直接测量得到，难度在于岩石样品的加工钻取；另一种是动态法，通过波速测量，称为动态弹性参数。两种方法的测量结果之间有较大的差别。利用测井方法，通过计算杨氏模量和泊松比，进而计算脆性特征参数，是一种简单、经济的方法，进而能够很好地指导压裂改造过程中工艺的选择和施工参数的优化。

$$B_i = \frac{E_{\text{Brit}} + \mu_{\text{Brit}}}{2} \qquad (2-2-4)$$

其中

$$E_{\text{Brit}} = \frac{E_c + E_{c\,\min}}{E_{c\,\max} - E_{c\,\min}} \times 100\% \qquad (2-2-5)$$

$$\mu_{\text{Brit}} = \frac{\mu_c - \mu_{c\,\max}}{\mu_{c\,\min} - \mu_{c\,\max}} \times 100\% \qquad (2-2-6)$$

式中　B_i——岩石的脆性指数，%；

E_{Brit}——均一化后的杨氏模量，MPa；

μ_{Brit}——均一化后的泊松比；

E_c——综合测定的杨氏模量，MPa；

$E_{c\,\max}$——综合测定的杨氏模量的最大值，MPa；

$E_{c\,\min}$——综合测定的杨氏模量的最小值，MPa；

μ_c——综合测定的泊松比；

$\mu_{c\,\max}$——综合测定的泊松比的最大值；

$\mu_{c\,\min}$——综合测定的泊松比的最小值。

根据库车前陆区典型井岩矿组分及岩石力学性质得到的脆性指数值分别见表2-2-5和表2-2-6。两种方法计算的脆性指数存在一定差异，其中基于岩矿组分的脆性指数更高，介于57.5%~93.1%，平均脆性指数高达77.9%；基于力学性质的脆性指数略低，一般介于 49.57%~75.24%，平均岩石脆性指数达 60.8%。从压力脆性指数来看，岩石脆性指数大，储层改造可能形成"裂缝网络"。

表 2-2-5 基于岩矿组分计算所得脆性指数

编号	井号	岩矿组分含量/%							脆性指数
		黏土总量	石英	正长石	斜长石	方解石	白云山	黄铁矿	
1	C101	2.3	69.65	2.65	16.84	5.71	0	2.84	89.7
2	C203	4.21	41.93	5.49	29.14	16.87	0	2.36	66.5
3	B201	3.57	66.17	0	26.75	0	2.17	1.34	92.0
4	B202	2.91	61.7	0	31.99	0	1.64	1.76	93.1
5	B205	5.69	39.94	20.38	21.48	0	12.51	0	68.7
6	C203	18.79	40.15	2.55	26.13	10.88	0	1.5	57.5

表 2-2-6 基于岩石力学性质计算所得脆性指数

井号	测试深度/m	杨氏模量/GPa	泊松比	抗剪强度/MPa	抗压强度/MPa	脆性指数/%
C202	5711~5957	26.57	0.275	27.52	102.71	49.57
C302	7209~7461	28.30	0.300	35.64	128.99	59.08
C6	6847~6932	23.00	0.300	21.26	77.55	75.24
B205	6880~7223	28.10	0.302	30.7	110.73	52.84
B207	6787~7042	27.06	0.292	31.97	116.78	65.95
B201	6490~6796	28.27	0.269	27.24	102.35	57.82

（二）地质力学五要素对比

库车前陆区与北美页岩储层条件对比结果表明：库车前陆区储层缝网改造具有 4 个有利条件（表 2-2-7）：岩石脆性指数高（>60%）、天然裂缝发育、应力状态为走滑机制及水平差应力系数相近（<0.22），1 个强应力各向异性的不确定性条件——水平应力差大（15~30MPa）。5 个要素中，具备 4 个有利条件和 1 个不确定性，从理论上认为缝网改造可行。

表 2-2-7 缝网改造 5 要素对比

体积压裂条件	北美页岩	库车前陆区	对比情况
岩石脆性指数	一般大于 50	一般大于 60	有利
弱面	层理天然裂缝发育	层理天然裂缝发（较）发育	有利
断裂机制	($\sigma_{hmin} < \sigma_v < \sigma_{Hmax}$)	($\sigma_{hmin} < \sigma_v < \sigma_{Hmax}$)	有利
水平应力差异系数	0.1~0.21	<0.22	有利
水平应力差	一般小于 7MPa	15~30MPa	存在不确定性

(三) 基于大物模裂缝起裂扩展机理

库车前陆区水平应力差值较大,基于以往改造经验,应力差值较大的储层难以形成复杂缝网。为论证高应力状态下能能否形成复杂缝网,基于储层地质力学特征设计储层露头大岩样压裂模拟实验。

采用库车前陆区巴什基奇克组储层露头进行实验,大岩样实验采用相似原理进行设计,设计5块中尺寸岩样(MB1—MB5:381mm×279mm×279mm),仿真原地储层的地质力学特征、天然裂缝产状特征,主要研究近井筒人工裂缝起裂延伸机理。以原地储层天然裂缝产状特征(原地优势裂缝产状为倾角>60°,表现为半充填、不充填)为指导,在岩样上设置高倾角的人工切割缝(倾角>60°),通过棋盘式黏结和不黏结两种方式仿真半充填与未充填天然裂缝;根据储层地质力学特征(应力场特征为走滑机制,$\sigma_H > \sigma_v > \sigma_h$,且表现出强地应力各向异性,水平主应力差达15~30MPa),通过三轴水力压裂实验设备加载三向主应力(室内加载水平最大主应力37MPa,水平最小主应力17MPa,上覆岩层应力35MPa,水平主应力差17~20MPa)仿真原地储层地应力特征;根据储层地应力场与优势天然裂缝空间关系(天然裂缝走向与水平最大主应力方向近平行、或成45°左右夹角)在大尺寸岩样上仿真应力与裂缝空间关系(在不同岩样上分别设置裂缝走向与最大水平主应力方向成5°~10°小夹角和40°~45°大夹角两种特征)。岩样制备参数见表2-2-8,实验条件相关参数见表2-2-9。

表2-2-8 大岩样实验制备岩样的相关参数

岩样号	射孔/割槽段长/in	孔间距/in	孔深/in	孔径/in	井筒直径(内/外)/in	射孔方式
MB1	1.5				0.75/1.0	沿 σ_H 方向定向割槽
MB2	1.5				0.75/1.0	沿 σ_H 方向定向割槽
MB3	1.5	0.5	0.75	0.125	0.75/1.0	沿 σ_H 方向定向射孔
MB4	1.5	0.5	0.75	0.125	0.75/1.0	沿着裂缝走向定向射孔
MB5	1.5	0.21	0.75	0.125	0.75/1.0	螺旋射孔

表2-2-9 大岩样实验的实验条件相关参数

岩号	σ_H/ MPa	σ_v/ MPa	σ_h/ MPa	σ_H 方向与天然裂缝走向夹角/(°)	液体黏度/ mPa·s	排量/ mL/min	天然裂缝面处理
MB1	24	16.5	7	90(2条)/45	5	4	棋盘式粘结
MB2	24	16.5	7	45(2条)/90	5	4	棋盘式粘结
MB3	24	22	7	40(3条)	5	4	上下边界粘结

续表

岩号	σ_H/ MPa	σ_v/ MPa	σ_h/ MPa	σ_H 方向与天然裂缝 走向夹角/(°)	液体黏度/ mPa·s	排量/ mL/min	天然裂缝面 处理
MB4	24	22	7	40（3条）	5	4	上下边界粘结
MB5	24	22	7	40（3条）	5	4	上下边界粘结

大岩样实验流程如图 2-2-19 所示。实验方案采用相似原理设计。每个实验设计均采用了无量纲分析和相似技术，此技术是无量纲参数方面的基本物理原理，通过油田与实验室无量纲参数对比，尽可能地达到机理相似。

图 2-2-19　大岩样实验流程图

参照现场施工泵注程序制定实验用泵注程序（实验过程中使用声发射监测设备监测全过程水力压裂试验，仿真矿场微地震监测；进而实现水力压裂全过程仿真。

岩样 MB1 和 MB2 的实验结果如图 2-2-20 所示，水平应力差 17MPa，逼近角为

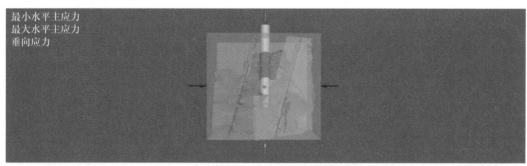

（a）MB1（θ=45°）裂缝相互作用

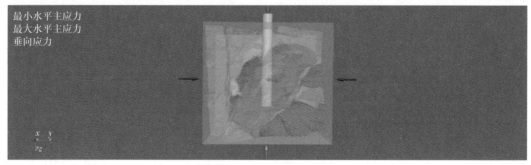

（b）MB2（θ=90°）裂缝相互作用

图 2-2-20　大岩样实验结果（一）

45°时，人工裂缝相遇天然裂缝后，人工缝穿过天然裂缝，向前延伸（MB1 实验）。而逼近角为 90°时，天然裂缝阻挡了人工缝向前延伸（MB2 实验）。

MB3 实验结果如图 2-2-21（a）所示，由图可知：该实验中 3 号裂缝（远离射孔），看到一条水力缝，但 3 号裂缝内压裂液仅小面积扩展；2 号裂缝（井筒右侧与孔眼相交），看到天然缝面压裂液大面积扩展；1 号裂缝（井筒左侧与孔眼相交），看到天然缝面压裂液扩展最为明显。MB4 实验如图 2-2-21（b）所示，由图可知：3 号裂缝（远离射孔），无压裂液扩展情况；2 号裂缝（井筒右侧与孔眼不相交），看到天然缝面有压裂液扩散；1 号裂缝（井筒左侧与孔眼相交），看到天然缝面压裂液扩展最为明显；实验显示天然裂缝强烈影响水力裂缝的延伸，限制了水力缝的数量和新水力缝的扩展面积。MB5 实验结果如图 2-2-21（c）所示，由图可知：3 号裂缝（远离射孔），无压裂液扩展情况；2 号裂缝（井筒右侧与孔眼非常近），看到天

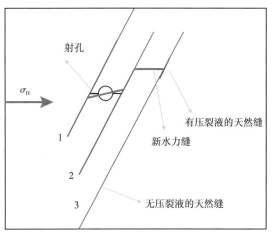

（a）MB3裂缝扩展延伸特征

（b）MB4裂缝扩展延伸特征

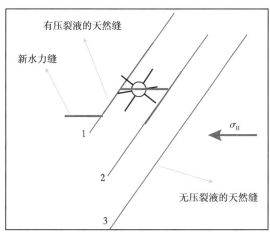

（c）MB5裂缝扩展延伸特征

图 2-2-21 大岩样实验结果（二）

然缝面有明显的压裂液扩散；1号裂缝（井筒左侧与孔眼相交），看到天然缝面压裂液扩展最为明显，且观察到两条新的水力缝。

大岩样实验结果表明：（1）裂缝产状与地应力关系、地应力特征控制着裂缝起裂和扩展特征及质量；（2）射孔方式对近井裂缝起裂影响大，甚至会影响远井改造波及范围和造缝模式；（3）即使在强应力各向异性（水平应力差17MPa、20MPa）条件下，仍然能形成张剪并存的复杂缝网。

（四）天然裂缝与水力裂缝相交作用机理

裂缝性致密砂岩中，天然裂缝的沟通、激活、张开和延伸是形成复杂裂缝网络、提高裂缝控制面积的关键性一环。当水力裂缝与天然裂缝相交时，天然裂缝可能出现剪切破裂导致压裂液大量滤失，或水力裂缝穿过天然裂缝沿原方向延伸，或转向沿天然裂缝延伸并在其端部或弱结构点起裂；相交后，可能出现多个裂缝尖端同时延伸的情况，形成复杂网络裂缝。Gu等将天然裂缝对水力裂缝延伸的影响分为两个阶段[9]（图2-2-22）：第一阶段，水力裂缝尖端与天然裂缝相交，但由于流体滞后效应导致压裂液尚未到达该交点，交点处流体净压力为零。存在两种可能：（1）天然裂缝发生剪切滑移或捕获水力裂缝阻止其继续延伸［图2-2-22（b）］；（2）水力裂缝直接穿过天然裂缝［图2-2-22（c）］。第二个阶段，压裂液抵达天然裂缝，交点处流体净压力升高。若第一阶段天然裂缝捕获水力裂缝，则压裂液进入并张开天

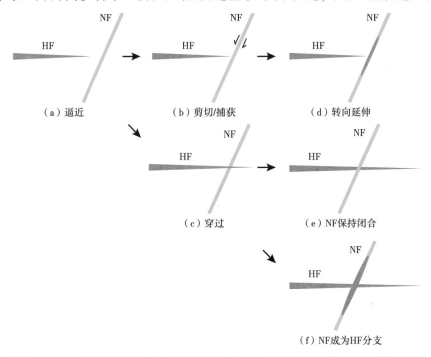

（a）逼近　　　　　（b）剪切/捕获　　　　　（d）转向延伸

（c）穿过　　　　　（e）NF保持闭合

（f）NF成为HF分支

图2-2-22　水力裂缝（HF）和天然裂缝（NF）之间的相互作用过程分解图示

然裂缝，使其成为水力裂缝的一部分［图 2-2-22（d）］；若第一阶段水力裂缝穿过天然裂缝，根据流体压力与作用在天然裂缝上的正应力的相对大小关系，可分成两种表现形式：（1）若流体压力小于作用在天然裂缝上的正应力，则天然裂缝仍处于闭合状态［图 2-2-22（e）］；（2）若流体压力大于作用在天然裂缝上的正应力，则天然裂缝张开，在合适的条件下可使多个裂缝尖端同时延伸［图 2-2-22（f）］。

借鉴前人研究成果，按照水力压裂作用过程中裂缝中流体压力变化过程，建立裂缝发育储层缝网形成力学准则，该准则能为缝网延伸规律模拟及缝网形成适应性分析提供理论基础。天然裂缝对水力裂缝的影响分成 4 种模式，即水力裂缝直接穿过天然裂缝、天然裂缝剪切开启、天然裂缝张性开启、天然裂缝端部走向延伸 4 种模式。

（1）水力裂缝穿过天然裂缝。

水力裂缝穿过天然裂缝需满足：

$$p_w > \sigma_p + T_0 \tag{2-2-7}$$

式中　p_w——水力裂缝内流体压力，MPa；

　　　σ_p——平行于天然裂缝面的应力，MPa；

　　　T_0——岩石本体的抗拉强度，MPa。

（2）天然裂缝剪切开启。

针对走滑机制储层，水平应力差产生的剪应力满足摩尔-库伦定律时，天然裂缝将发生剪切开启（图 2-2-23）。

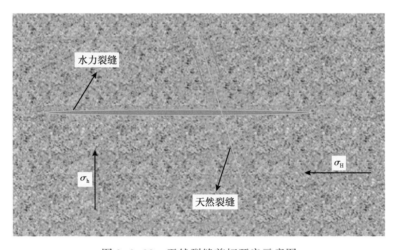

图 2-2-23　天然裂缝剪切开启示意图

天然裂缝剪切开启需满足：

$$\tau > S_w + \mu_w \sigma_{\theta ef} \tag{2-2-8}$$

$$\tau=\frac{\sigma_H-\sigma_h}{2}\sin\left(\frac{\pi}{2}-\theta\right) \tag{2-2-9}$$

式中 τ——天然裂缝上剪切力分量，MPa；

S_w——天然裂缝的内聚力，MPa；

μ_w——天然裂缝摩擦系数；

$\sigma_{\theta ef}$——作用在天然裂缝上的有效正应力，MPa；

σ_H——最大水平主应力，MPa；

σ_h——最小水平主应力，MPa；

θ——水力裂缝逼近角，rad。

（3）天然裂缝张性开启。

水力裂缝相遇天然裂缝时，随着水力裂缝内净压力增大，使得天然裂缝面有效正应力达到天然裂缝的抗拉强度时，天然裂缝发生张性开启（图2-2-24）。

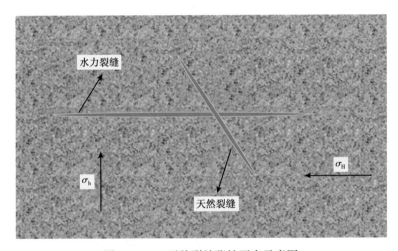

图2-2-24 天然裂缝张性开启示意图

天然裂缝张性开启需满足：

$$\sigma_{\theta ef}\leqslant-\sigma_\tau \tag{2-2-10}$$

式中 σ_τ——天然裂缝抗张强度，MPa。

（4）天然裂缝端部走向延伸。

天然裂缝张性开启后，天然裂缝缝尖有效正应力达到岩石本体抗张强度时，天然裂缝缝尖开启，扩展进入岩石本体之中（图2-2-25）。

天然裂缝端部走向延伸需满足：

$$\sigma_n-\left(p_w-\Delta p_{nf}\right)<-T_0 \tag{2-2-11}$$

式中　Δp_{nf}——水力裂缝与天然裂缝相交处到裂缝尖端的压降，MPa；

　　　p_w——裂缝内流体压力，MPa；

　　　σ_n——作用在天然裂缝上的正应力，MPa；

　　　T_0——裂缝尖端的抗张强度，MPa。

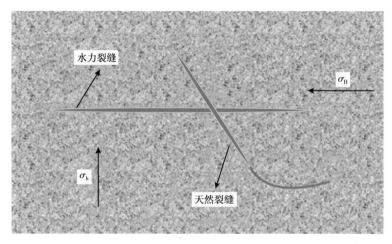

图 2-2-25　天然裂缝端部走向延伸示意图

净压力可近似表示为

$$p_{net} = p_w - \sigma_h \qquad (2-2-12)$$

式中　p_{net}——裂缝内净压力，MPa。

以 B11 井为例，B11 井水力裂缝夹角、应力差和抗拉强度分布曲线如图 2-2-26 所示。按照上述四种模式激活条件，详细计算讨论天然裂缝激活的机理及力学条件，自上而下，计算三个区域（区域 1、区域 2、区域 3，如图 2-2-27 所示）内状态的天然裂缝，判断该状态下的天然裂缝能否容易开启。净压力 8MPa 下，区域 1 状态内的天然裂缝，能够发生剪切开启，也能发生膨胀开启；区域 2 内状态的天然裂缝部分能剪切开启，都能膨胀开启；区域 3 内状态的天然裂缝能剪切开启，也能膨胀开启。由此可以看出，B11 井天然裂缝比较容易开启。室内岩石力学实验表明，天然裂缝黏聚力、

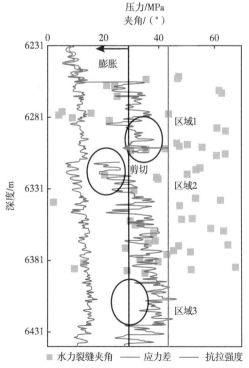

图 2-2-26　B11 井水力缝裂夹角、
应力差和抗拉强度分布曲线

抗拉强度和摩擦系数相差不大，给定净压力下，天然裂缝开启图版基本一致，又因为克深储层走滑机制的特点，水平应力差集中在 25～35MPa。图 2-2-27 可以看出，逼近角小于 30°，天然裂缝张性开启；逼近角小于 42°，天然裂缝剪切开启。

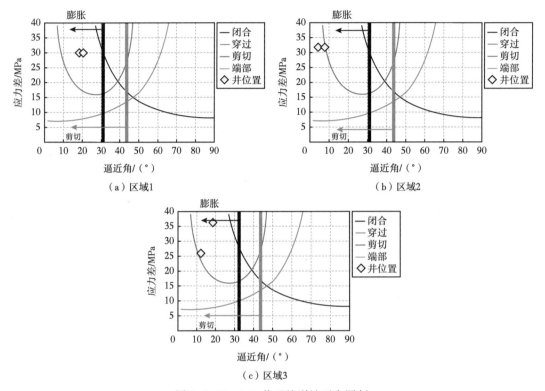

图 2-2-27　B11 井天然裂缝开启图版

净压力 12MPa 下天然裂缝开启图版如图 2-2-28 所示，相比净压力 8MPa，提高净压力，图版发生变化，膨胀开启的区域和剪切开启的区域相应增大，净压力

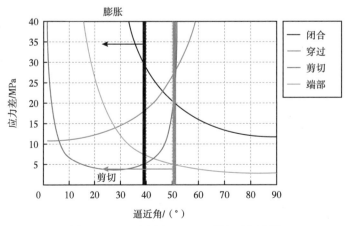

图 2-2-28　净压力 12MPa 裂缝开启图版

12MPa 时，逼近角小于 40°，天然裂缝张性开启；逼近角小于 50°，天然裂缝剪切开启。利用划定的区域，重新对 B11 井划分区域，裂缝重新划分区域如图 2-2-29 所示，可见提高净压力，有更多的天然裂缝能够剪切和膨胀开启。

（五）现场试验

体积压裂条件、数值计算结果以及大物模实验结果均显示在高应力状态下，克拉苏构造带白垩系致密砂岩能形成复杂缝网。为验证该论断，在克深气藏选择两个井组开展"滑溜水+线性胶+冻胶"复合泵注、纤维携砂暂堵转向的缝网压裂工艺技术先导性试验，并开展微地震压裂监测。图 2-2-30 展示了 B2-2-1 井微地震压裂监测的结果。可见缝网形态十分复杂，微地震事件非常多。通过开展先导性缝网改造现场试验，实践证实了缝网改造的可行性。

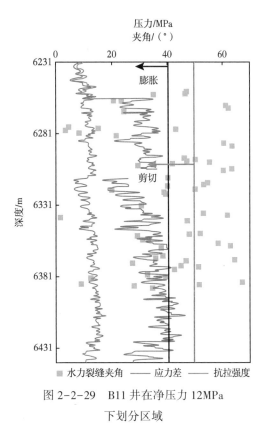

图 2-2-29　B11 井在净压力 12MPa 下划分区域

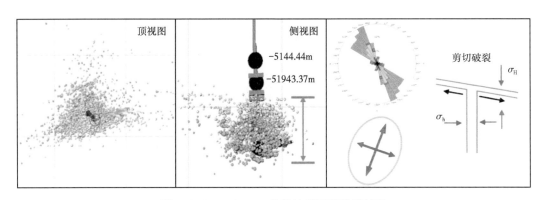

图 2-2-30　B2-1-1 井微地震压裂监测结果

三、复杂缝网导流能力构建研究

库车山前前陆区巴什基奇克组天然裂缝发育，地应力场复杂，且储层超深、闭合应力高，当水力裂缝遇天然裂缝后，人工裂缝扩展形态复杂，且高闭合应力下，导流能力下降快。如何构建高导流能力复杂缝网是此类储层改造面临的重要技术难题。基于库车前陆区复杂地质条件，采用实验与数值模拟相结合手段，探究了酸蚀/

水力裂缝导流能力构建问题，明确了酸蚀/水力裂缝导流能力构建机理，形成了酸蚀/水力缝网导流能力构建方法。

（一）复杂缝内酸液构建裂缝导流能力研究

前置液激活、沟通天然裂缝后，通过前置酸液体系溶解天然裂缝内的钙质充填矿物，再利用含氟主体酸酸液体系解除钻完井液伤害及刻蚀裂缝壁面，构建酸蚀裂缝导流能力。本节借鉴碳酸盐岩酸蚀裂缝导流能力评价方法，评价了不同力学状态裂缝及不同闭合压力下的酸蚀导流能力大小，揭示砂岩储层酸蚀裂缝导流能力变化规律。同时，开展裂缝性储层酸液流动反应数值模拟研究，明确砂岩储层复杂缝流动反应特征及改善导流能力机理。

1. 酸蚀裂缝导流能力评价

前面章节已证实强地应力各向异性下能够形成复杂缝网，库车前陆区裂缝发育、钻完井液漏失严重，是否可以在水力缝网基础上，再辅以酸刻蚀，进一步改善导流，形成较高导流酸蚀缝网，提高单井产量，需进一步论证。酸蚀裂缝导流能力是决定酸压效果的关键参数之一，其大小及分布与酸压效果紧密相关。缝网酸压过程中裂缝转向、剪切滑移和裂缝壁面粗糙度及酸液对裂缝充填物、钻（完）井液伤害物的溶解造成泄压返排过程中裂缝面不能完全啮合，有残余孔隙空间，改善水力缝网导流能力，为此，采用粗糙张性裂缝及滑移裂缝进行酸刻蚀，并研究酸蚀裂缝导流能力大小及变化规律。

实验采用复合土酸体系为 9%HCl+3%HAC+2%HF+其他添加剂，实验温度为 120℃。首先将小岩心劈裂，得到粗糙裂缝壁面，并将粗糙裂缝壁面沿轴向滑移一定的位移，最后将错动的岩心端面切割平整，获得剪切滑移后自支撑粗糙裂缝壁面组。进而将粗糙裂缝及自支撑粗糙滑移缝装到导流能力仪夹持器中，然后加温至 120℃，用基液测定粗糙缝及自支撑粗糙滑移岩块导流能力（低闭合压力）。最后进行酸液处理，并且测试酸蚀后基液通过导流室的压差、流量等参数，计算其导流能力。

张性缝酸蚀裂缝导流变化曲线如图 2-2-31 所示，剪性缝酸蚀裂缝导流变化曲线如图 2-2-32 所示，剪性缝反应前后宽度如图 2-2-33 所示。实验结果表明：酸液刻蚀非钙质充填张剪缝，刻蚀形态均匀，平均刻蚀宽度小于 0.5mm。过酸后导流能力提高 1.2~1.5 倍，高闭合压力下，导流能力达到 20~1500mD·cm。砂岩与碳酸盐岩酸岩反应规律不同，砂岩储层酸蚀均匀，导流能力远远低于碳酸盐岩储层酸蚀导流能力，小 1~2 个数量级。粗糙张剪缝，在酸作用后导流能力明显上升，最高可达到反应前的 1.5 倍，且在高闭合压力条件下保持较好。因此，酸压过程中裂缝转向、剪切滑移和裂缝壁面粗糙度造成泄压返排及生产过程中裂缝面不能完全啮合，闭合后裂缝仍具有一定的导流能力。

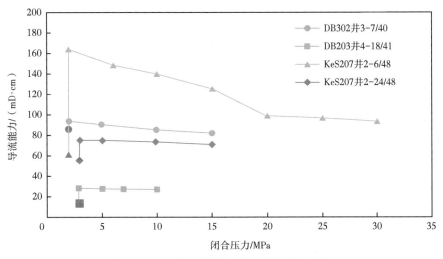

图 2-2-31 张性缝酸蚀裂缝导流变化曲线

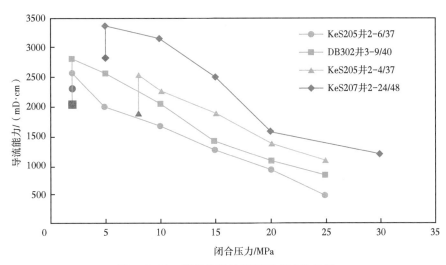

图 2-2-32 剪切缝酸蚀裂缝导流变化曲线

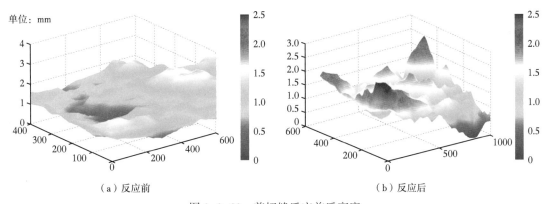

（a）反应前 （b）反应后

图 2-2-33 剪切缝反应前后宽度

2. 复杂裂缝酸液流动反应模拟研究

针对库车山前超深裂缝性致密砂岩储层及水力缝网特征，充分考虑注酸程序及酸液功能，构建了裂缝—基质双重介质前置酸、主体酸流动反应模型，模拟研究不同功能酸液改善水力缝网导流能力机理及规律。

1）前置酸流动反应数学模型

假设裂缝内流体压力在裂缝长度方向呈不均匀分布，且裂缝内流体流动遵循达西定律，在考虑流体、孔隙微可压缩的情况下，裂缝内的流体流动方程和连续性方程可以分别表示为

$$v_{\mathrm{f}} = -\frac{K_{\mathrm{f}}^{\tau}}{\mu} \frac{\partial p_{\mathrm{f}}}{\partial x^{\tau}} \tag{2-2-13}$$

$$-\nabla(\rho \cdot v_{\mathrm{f}}) = \frac{\partial}{\partial t}(\rho \phi_{\mathrm{f}}) - \rho Q_{\mathrm{f}} \tag{2-2-14}$$

式中　v_{f}——裂缝内酸液渗流速度，m/s；

K_{f}^{τ}——裂缝切向的渗透率，mD；

μ——酸液黏度，mPa·s；

p_{f}——裂缝内酸液压力，MPa；

x^{τ}——裂缝局部坐标系；

ρ——酸液密度，kg/m³；

ϕ_{f}——裂缝孔隙度；

Q_{f}——单位时间内基质流向裂缝内的流量，m³/min。

根据质量守恒原理，裂缝内酸液浓度运移方程为

$$w_{\mathrm{f}} \frac{\partial C_{\mathrm{f,A1}}}{\partial t} + w_{\mathrm{f}} v_{\mathrm{f}} \frac{\partial C_{\mathrm{f,A1}}}{\partial x^{\tau}} - \frac{\partial C_{\mathrm{f,A1}}}{\partial x^{\tau}} \left(w_{\mathrm{f}} D_{\mathrm{A1}}^{\mathrm{fr}} \frac{\partial C_{\mathrm{f,A1}}}{\partial x^{\tau}} \right) = 0 \tag{2-2-15}$$

式中　$C_{\mathrm{f,A1}}$——裂缝内前置酸酸液浓度，mol/L；

$D_{\mathrm{A1}}^{\mathrm{fr}}$——前置酸酸液的弥散系数，m²/s；

w_{f}——裂缝宽度，m。

流体在裂缝介质中的流动可以用两个基本方程进行描述，分别是裂缝内的流体流动方程［式（2-2-13）］和连续性方程［式（2-2-14）］。类似于裂缝内流体运动方程，基质内流体运动方程也满足达西定律。

$$\phi_{\mathrm{m}} \frac{\partial(\rho \phi_{\mathrm{m}})}{\partial t} - \nabla(\rho v_{\mathrm{m}}) - \rho Q_{\mathrm{m}} = 0 \tag{2-2-16}$$

式中　ϕ_m——基质孔隙度；

　　　Q_m——单位时间内基质流向裂缝内的流量，m^3/min；

　　　v_m——基质内酸液渗流速度，m/s。

基质内前置酸酸液浓度运移方程为

$$\frac{\partial(\phi_m C_{m,A1})}{\partial t} + \nabla \cdot (v_m C_{m,A1}) = \nabla \cdot (\phi_m \boldsymbol{D}_{e,A1} \cdot \nabla C_{m,A1}) - S_1^* R(C_s)(1-\phi_m) C_{m,m1}$$

$$(2-2-17)$$

式中　$C_{m,A1}$——基质中的前置酸酸液浓度，mol/L；

　　　$\boldsymbol{D}_{e,A1}$——前置酸酸液有效扩散张量，m^2/s；

　　　$R(C_s)$——前置酸表面反应速率，m/s；

　　　S_1^*——基质内碳酸盐岩矿物的比面，m^{-1}；

　　　$C_{m,m1}$——基质碳酸盐岩的比例。

前置酸在基质孔隙溶蚀孔隙骨架会使基质孔隙度发生变化：

$$\frac{\partial \phi_m}{\partial t} = \frac{\beta_1 S_1^* R(C_s)}{\rho_{m1}} = \frac{\beta_1 S_1^* k_s k_c C_{m,A1}}{\rho_{m1}(k_s + k_c)} C_{m,m1} \qquad (2-2-18)$$

式中　α——前置酸酸液溶蚀能力系数；

　　　ρ_{m1}——基质内碳酸盐岩密度，kg/m^3；

　　　k_c——酸液传质系数，cm^2/s；

　　　k_s——表面反应常数，cm^2/s；

　　　β_1——HCl 与快反应矿物的溶蚀能力数。

2）主体酸流动反应数学模型

裂缝内的酸液浓度运移方程由 HF 酸、H_2SiF_6 酸酸液浓度运移方程组成，其酸液浓度运移方程为

$$w_f \frac{\partial C_{f,Ai}}{\partial t} + w_f v_f \frac{\partial C_{f,Ai}}{\partial x^\tau} - \frac{\partial C_{f,Ai}}{\partial x^\tau}\left(w_f D_{Ai}^{fr} \frac{\partial C_{f,Ai}}{\partial x^\tau}\right) = 0 \qquad (i=2,3) \quad (2-2-19)$$

式中　$C_{f,Ai}$——$i=2$ 时表示 HF 酸浓度，mol/L，$i=3$ 时表示 H_2SiF_6 酸浓度，mol/L；

　　　D_{Ai}^{fr}——$i=2$ 时表示 HF 酸分子扩散系数，$i=3$ 时表示 H_2SiF_6 酸分子扩散系数，m^2/s。

根据砂岩酸岩反应摩尔浓度平衡原理，分别可以推导出 HF 酸、H_2SiF_6 酸、快反应矿物、慢反应矿物以及硅胶矿物的浓度方程。

基质内 HF 酸浓度运移方程为

$$\frac{\partial(\phi_{m}C_{m,A2})}{\partial t} + \nabla \cdot (\boldsymbol{v}_{m}C_{m,A2}) = \nabla \cdot (\phi_{m}\boldsymbol{D}_{e,A2} \cdot \nabla C_{m,A2}) -$$

$$\sum_{i=1}^{3} \left[E_{f,2,i+1}S_{i+1}^{*}C_{m,mi+1}(1-\phi_{m}) \right] C_{m,A2} \tag{2-2-20}$$

基质内 H_2SiF_6 酸酸液浓度运移方程为

$$\frac{\partial(\phi_{m}C_{m,A3})}{\partial t} + \nabla \cdot (\boldsymbol{v}_{m}C_{m,A3}) = \nabla \cdot (\phi_{m}\boldsymbol{D}_{e,A3} \cdot \nabla C_{m,A3}) -$$

$$E_{f,3,2}S_{2}^{*}C_{m,m2}(1-\phi_{m})C_{m,A3} + \sum_{i=1}^{3} \frac{\delta_{i+4}}{\delta_{i}}E_{f,2,i+1}S_{i+1}^{*}C_{m,mi+1}(1-\phi_{m})C_{m,A2} \tag{2-2-21}$$

基质内快反应矿物物质平衡方程为

$$\frac{\partial\left[(1-\phi_{m})C_{m,m2}\right]}{\partial t} = -\frac{M_{A2}S_{2}^{*}C_{m,m2}(1-\phi_{m})\beta_{2}E_{f,2,2}C_{m,A2}}{\rho_{m2}} -$$

$$\frac{M_{A2}S_{2}^{*}C_{m,m2}(1-\phi_{m})\beta_{5}E_{f,3,2}C_{m,A3}}{\rho_{m2}} \tag{2-2-22}$$

基质内慢反应矿物物质平衡方程为

$$\frac{\partial\left[(1-\phi_{m})C_{m,m3}\right]}{\partial t} = -\frac{M_{A2}S_{3}^{*}C_{m,m3}(1-\phi_{m})\beta_{3}E_{f,2,3}C_{m,A2}}{\rho_{m3}} \tag{2-2-23}$$

基质内硅胶沉淀物质平衡方程如下：

$$\frac{\partial\left[(1-\phi_{m})C_{m,m4}\right]}{\partial t} = \frac{M_{A2}S_{4}^{*}C_{m,m4}(1-\phi_{m})\beta_{4}E_{f,2,4}C_{m,A2}}{\rho_{4}} +$$

$$\frac{M_{A3}S_{2}^{*}C_{m,m2}(1-\phi_{m})\beta_{5}E_{f,3,2}C_{m,A3}}{\rho_{4}}\frac{\delta_{8}M_{m4}}{M_{m2}} \tag{2-2-24}$$

式中 $C_{m,A2}$——基质内 HF 酸浓度，mol/m^3；

       $C_{m,A3}$——基质内 H_2SiF_6 酸浓度，mol/m^3；

       $C_{m,m2}$——基质内快反应矿物体积分数（矿物/岩石），%；

       $C_{m,m3}$——基质内慢反应矿物体积分数（矿物/岩石），%；

       $C_{m,m4}$——基质内硅胶沉淀体积分数（矿物/岩石），%；

       $E_{f,2,2}$——HF 酸与快反应矿物的反应速率常数，m/s；

       $E_{f,2,3}$——HF 酸与慢反应矿物的反应速率常数，m/s；

       $E_{f,2,4}$——HF 酸与硅胶矿物的反应速率常数，m/s；

       $E_{f,3,2}$——H_2SiF_6 酸与快反应矿物的反应速率常数，m/s；

       M_{A2}——HF 酸相对分子质量，g/mol；

M_{A3}——H_2SiF_6 酸相对分子质量，g/mol；

M_{m2}——快反应矿物相对分子质量，g/mol；

M_{m3}——慢反应矿物相对分子质量，g/mol；

M_{m4}——硅胶矿物相对分子质量，g/mol；

$D_{e,A2}$——HF 酸液有效扩散张量，m^2/s；

$D_{e,A3}$——H_2SiF_6 酸液有效扩散张量，m^2/s；

S_2^*——基质内快反应矿物比表面，m^2/m^3；

S_3^*——基质内慢反应矿物比表面，m^2/m^3；

S_4^*——基质内硅胶矿物比表面，m^2/m^3；

β_2——HF 酸与快反应矿物的溶蚀能力数；

β_3——HF 酸与慢反应矿物的溶蚀能力数；

β_4——HF 酸与硅胶矿物的溶蚀能力数；

β_5——H_2SiF_6 酸与快反应矿物的溶蚀能力数；

δ_1，$\cdots$，δ_8——化学计量数；

ρ_2——快反应矿物密度，kg/m^3；

ρ_3——慢反应矿物密度，kg/m^3；

ρ_4——硅胶矿物密度，kg/m^3。

3）复杂缝内酸液流动反应机理

库车山前前陆区巴什基奇克组储层天然裂缝多被方解石、石膏等钙质矿物充填—半充填，因此在进行酸液施工参数优化时，需考虑前置液与天然裂缝内钙质充填矿物的反应。基于微地震监测结果，构建酸液流动反应地质模型如图 2-2-34 所示，所

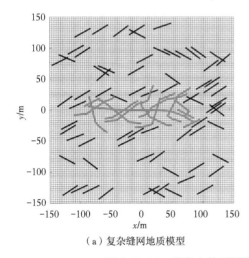
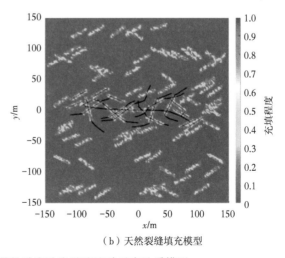

（a）复杂缝网地质模型　　　　　　（b）天然裂缝填充模型

图 2-2-34　库车山前超深裂缝性致密砂岩酸液流动反应地质模型

用到的反应动力学参数见表 2-2-10。

表 2-2-10 库车山前超深裂缝性致密砂岩缝网酸压模拟基本动力学参数表

参数	值	参数	值
基质平均渗透率/mD	0.079	基质孔隙度/%	4.5
基质渗透率范围/mD	0.05~0.1	基质渗透率范围/%	4~6
储层厚度/m	50	酸液黏度/mPa·s	1
裂缝孔隙度/%	60	初始 HF 体积浓度/%	3
初始快反应矿物浓度/%	25	初始慢反应矿物浓度/%	75
快反应矿物密度/(kg/m³)	2500	慢反应矿物密度/(kg/m³)	2650
硅胶密度/(kg/m³)	2100	HF 酸酸液密度/(kg/m³)	1080
酸液有效扩散系数/(m²/s)	$3.6×10^{-9}$	初始 HF 体积浓度/%	3
快反应矿物质量百分比/%	55	反应速率常数 E_{f1}/[m³/(s·mol)]	$1.27×10^{-1}$
慢反应矿物质量百分比/%	45	反应速率常数 E_{f2}/[m³/(s·mol)]	$1.39×10^{-7}$
快反应矿物密度/(kg/m³)	2500	反应速率常数 E_{f3}/[m³/(s·mol)]	$1.9×10^{-10}$
慢反应矿物密度/(kg/m³)	2650	反应速率常数 E_{f4}/[m³/(s·mol)]	$1.17×10^{-7}$
硅胶密度/(kg/m³)	2100	反应活化能 E_{a1}/(J/mol)	$3.89×10^4$
反应活化能 E_{a2}/(J/mol)	$9.56×10^3$	反应活化能 E_{a3}/(J/mol)	$5×10^5$
反应活化能 E_{a4}/(J/mol)	$1.9×10^4$		

（二）复杂缝内支撑剂构建导流能力研究

缝网压裂中前置液往往形成多级复杂裂缝，缝网导流能力取决于支撑剂在裂缝中的铺置情况，而支撑剂在裂缝内的输送过程中，一系列的因素（支撑剂浓度、粒径、形状，压裂液流变性、泵注排量、裂缝宽度等）会对支撑剂的沉降速度造成影响。为确保支撑剂在多级裂缝有效铺置，揭示支撑剂在多尺度裂缝运输机理，保障多级裂缝导流能力，有必要开展复杂多级裂缝内支撑剂运移铺置研究。为模拟复杂裂缝内支撑剂运移铺置，建立了 T-1 型、T-2 型、T-3 型和 T-4 型的尺度裂缝网络几何模型（图 2-2-35），并建立固液两相流的欧拉-欧拉两流体计算流体动力学（Computational Fluid Dynamics，CFD）模型，模拟不同参数下多级裂缝内支撑剂铺置情况，明确了多级裂缝导流能力构建工程条件。

4 种裂缝模型输入参数均设置排量为 5m³/min，支撑剂密度为 3000kg/m³、粒径为 40/70 目、砂浓度为 15%，压裂液黏度为 150mPa·s。4 种裂缝支撑剂运移过程模拟结果分别如图 2-2-36 至图 2-2-39 所示，其中，固相含量为支撑剂体积与压裂液体积+支撑剂体积之和的比。可见，支撑剂注入裂缝后，在重力影响下逐渐向下沉降，但由于流体为高黏流体，对支撑剂携带作用很强。支撑剂被带入裂缝底部经过一段时间后才有明显的堆积体形成，随着时间不断推移，颗粒在裂缝底部堆积高度

（a）T-1型 （b）T-2型

（c）T-3型 （d）T-4型

图2-2-35 不同裂缝网络网格示意图

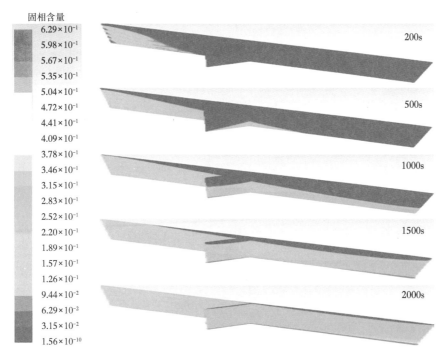

图2-2-36 T-1型裂缝支撑剂运移过程模拟结果

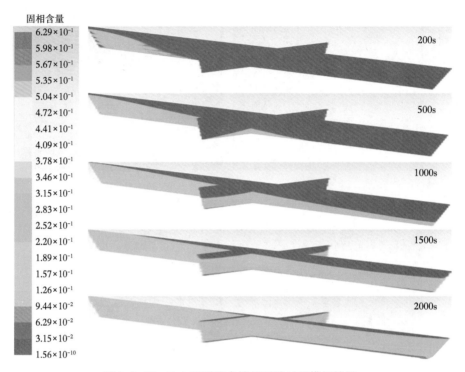

图 2-2-37　T-2 型裂缝支撑剂运移过程模拟结果

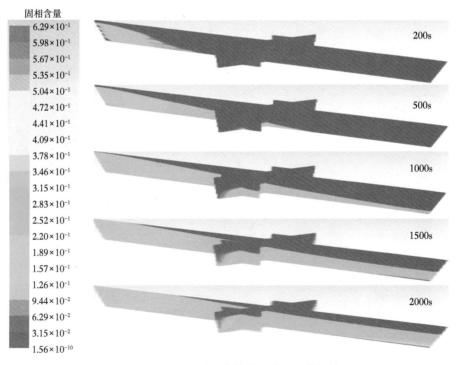

图 2-2-38　T-3 型裂缝支撑剂运移过程模拟结果

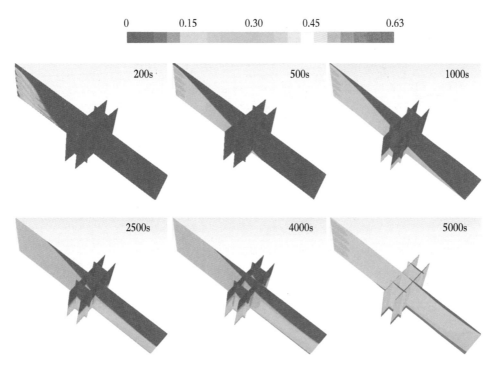

图 2-2-39　T-4 型裂缝支撑剂运移过程模拟结果

逐渐增加，并且在达到一定高度后向后堆积达到裂缝入口段。支撑剂在流体流经次缝与主缝交界处时，在流体曳力作用下颗粒进入次级缝并被运送往各次缝底部，随着时间的推移，压裂液在次缝内覆盖面积增广。对比 4 种复杂程度不同的裂缝内支撑剂铺置规律发现，主缝内颗粒铺置规律相似，随着分支缝的增多，由于分流作用，各缝内流体流量降低，堆积速度减慢。

现场压裂施工通常采取 30/50 目、40/70 目和 70/140 目粒径颗粒，泵注过程中在不同阶段注入不同粒径支撑剂。为了更好地符合现场压裂情况，以 T-4 型裂缝模拟目标，开展了不同粒径比条件下对支撑剂运移的影响。输入参数为：排量 $5m^3/min$，支撑剂密度 $3000kg/m^3$、体积分数 15%，压裂液黏度为 $150mPa \cdot s$、粒径 70/140 目:40/70 目:30/50 目 = 1:8:1。图 2-2-40 展示了在该种粒径比条件下不同粒径颗粒的运移过程。由图 2-2-40 观察可得，支撑剂颗粒进入裂缝后，由于受到重力的影响开始向下沉降，在流体曳力的携带下支撑剂颗粒能够被运移到裂缝端部。但由于 40/70 目颗粒注入比例最大，缝内 40/70 目颗粒分布浓度最高。通过观察支缝内颗粒分布情况，得到所有不同粒径的支撑剂均能进入支缝内，但 70/140 目颗粒悬浮能力更好，在支缝内的该粒径颗粒支缝内支撑高度更高。因此说明相同条件下，相对于 30/50 目和 40/70 目支撑剂，70/140 目支撑剂在分支缝中的铺置长度更长，浓度更大，注入

70/140目颗粒有利于支撑次级缝。

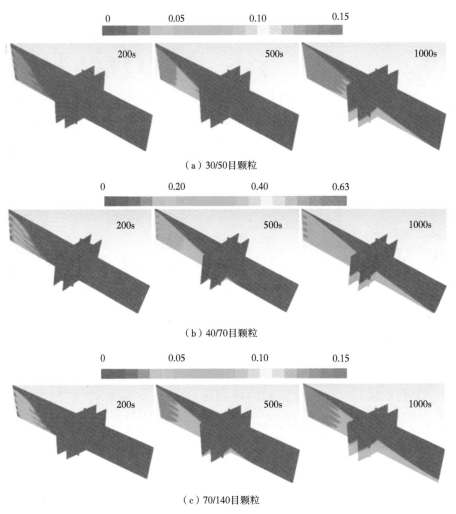

（a）30/50目颗粒

（b）40/70目颗粒

（c）70/140目颗粒

图 2-2-40　多粒径支撑剂运移过程

第三节　缝网改造设计

一、缝网酸压设计

针对库车山前储层裂缝发育、钻井漏失量大储层，采用缝网酸压改造工艺，解除裂缝堵塞，溶解天然裂缝钙质充填物，提高导流能力。缝网酸压技术核心理念是："剪（张）""溶""堵""转"。具体技术思路是通过大排量、大液量激活天然裂缝，形成复杂裂缝网络，然后注入不同功能的酸液，溶解缝网中充填物（方解石、钻井液伤害物）及壁面石英和长石组分，提高裂缝导流能力；再采用不同粒径暂堵剂转向工艺实现"纵向转层，层内转向"，提高缝内压力，迫使液体强制转向，以确保全井段均匀改造，形成较复杂的缝网，提高动用程度及改造体积，提高单井产量，如图 2-3-1 所示。缝网酸压设计特点主要体现在以下几方面：

（1）利用滑溜水（酸）或线性胶的低摩阻及低滤失性能，对具有走滑机制的储层，用大排量尽可能提错开形成剪切缝。

（2）充分利用酸液对裂缝充填物及钻完井液堵塞物的高效溶蚀性能，在裂缝表面产生有效酸刻蚀，使裂缝不能完全闭合，保持产生的剪切滑移缝、张开缝仍具有导流能力，有效地提高了储层的渗流能力。

（3）针对施工井段长、非均质性强、主应力差大等特点，利用高强度可降解暂堵颗粒，提高缝内流体净压力，迫使改造液层内/层间暂堵转向，以尽可能地提高储层的纵横向动用程度。

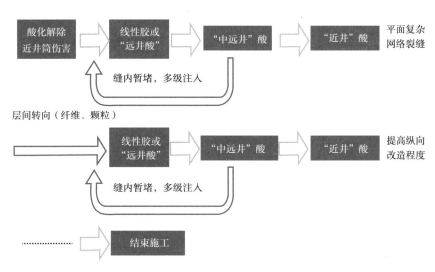

图 2-3-1　缝网酸压内涵示意图

（一）酸压工作液优选

缝网酸压工作液体系主要包括前置液、复合土酸体系和顶替液。

前置液包括非交联压裂液、线性胶和滑溜水，作用是降低储层温度，同时沟通并激活天然裂缝系统。根据库车山前储层特征，非交联压裂液的成熟配方为：0.45%稠化剂+0.3%离子稳定剂+0.25%增效剂+1.0%黏土稳定剂+0.0125%胶囊破胶剂；线性胶的成熟配方：0.3%~0.45%稠化剂+1%助排剂+0.5%温度稳定剂+0.1%杀菌剂+清水+0.01%胶囊破胶剂；滑溜水的成熟配方为：0.08%降阻剂+0.5%破乳剂+1%助排剂+0.1%杀菌剂+1%黏土稳定剂。顶替液主要采用滑溜水或清水，作用是将井筒酸液顶替到地层。

复合土酸体系包括前置酸、主体酸和后置酸，作用是溶解裂缝充填的碳酸盐岩和钻井液固相，疏通天然裂缝。前置酸的作用是在土酸注入之前尽可能地除去钙物质，创造低 pH 值环境，减轻 CaF_2 沉淀；主体酸的作用是溶解颗粒之间的胶结物质和部分颗粒，或者溶解孔隙中的泥质堵塞物或其他结垢物等，建立渗流通道；后置酸的作用是隔离后置液和保持低 pH 值。

主体酸液和前置酸液的酸液溶度是依据岩心溶蚀实验结果，并结合相邻区块储层改造经验确定，前置酸配方为 9%~12%HCl+其他添加剂，主体酸配方为 9%~12%HCl+1%~2%HF+其他添加剂，后置酸一般采用前置酸与清水 1:1 稀释配置。酸液配方的添加剂包括黏土稳定剂、缓蚀剂、助排剂、铁离子稳定剂、降阻剂、防水锁剂、杀菌剂和破乳剂。库车山前储层温度高，要求储层改造液体体系及相应添加剂耐高温。酸液缓蚀剂加量选择：常规碳钢油管用普通缓蚀剂，根据储层温度调整，范围在 2%~4%缓蚀剂，超级 13 铬油管用专用缓蚀剂，根据储层温度调整，范围在 2.4%~3% 主剂+1.2%~1.5%辅剂。

酸压液体体系的黏度直接影响裂缝内流体压力和压裂液滤失，从而影响天然裂缝激活和储层改造体积，有必要探究前置液黏度对复杂裂缝网络的作用机制。设置前置液黏度分别设置为 5mPa·s、50mPa·s、80mPa·s，前置液液量设置为 $250m^3$，注入排量为 $3m^3/min$，分别模拟不同黏度下裂缝的扩展形态。不同前置液黏度下裂缝扩展路径和应力分布分别如图 2-3-2 和图 2-3-3 所示。从模拟结果可以看出，黏度

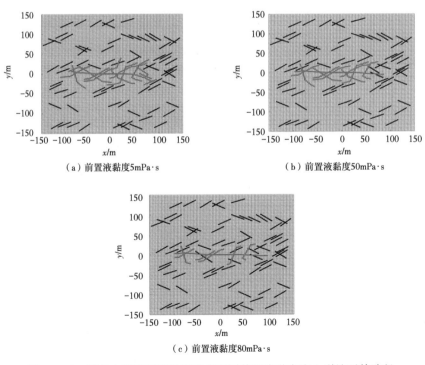

（a）前置液黏度5mPa·s　　　（b）前置液黏度50mPa·s

（c）前置液黏度80mPa·s

图 2-3-2　库车山前裂缝性致密砂岩不同前置液黏度注入裂缝延伸路径

对缝网改造区域的长度也有一定的影响，随着前置液黏度的增加，水力裂缝的长度略有缩短。值得注意的是，低黏度前置液注入时，水力裂缝受到天然裂缝的应力干扰程度较大，使得水力裂缝偏离最大水平主应力方向，转向天然裂缝延伸，在高黏度液体注入时，水力裂缝延伸过程中偏转角度较小，更易形成直裂缝。

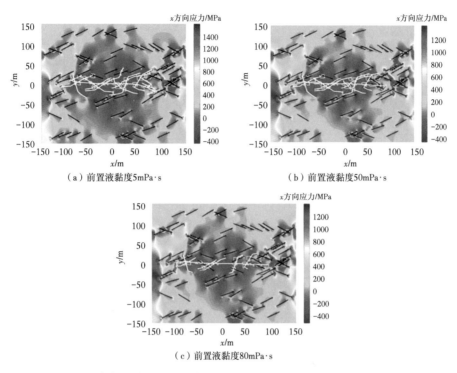

（a）前置液黏度5mPa·s　　（b）前置液黏度50mPa·s

（c）前置液黏度80mPa·s

图2-3-3　库车山前裂缝性致密砂岩不同前置液黏度注入裂缝扩展应力分布

图2-3-4和图2-3-5分别为不同前置液黏度下激活天然裂缝数量和储层改造体积变化，从图中可以看出，采用低黏度前置液张剪激活的天然裂缝数量更多，利于形成复杂裂缝，张剪破坏体积也更大。采用中低黏度前置液注入时形成的缝网形态更为复杂，激活的天然裂缝数量更多。

（二）储层分段分簇

库车山前储层厚度大（200～300m），笼统酸压不能实现纵向储层全部改造，采用对厚储层分段分簇，实现300m厚储层全面动用。充分应用地质力学研究成果，综合储层品质、完井品质、综合可压裂性指数、裂缝弱面、井漏特征等属性，进行层间分级，优选起裂甜点及射孔簇。采用暂堵转向的方式实现储层在纵向上的均匀改造。

（1）测井解释部门提供储层基质物性参数，基于的数据包括自然伽马、泥质含量、含气饱和度、有效孔隙度，将储层根据油藏质量分层。

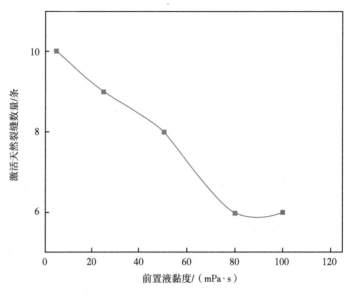

图 2-3-4　库车山前裂缝性致密砂岩不同前置液黏度下天然裂缝激活数量

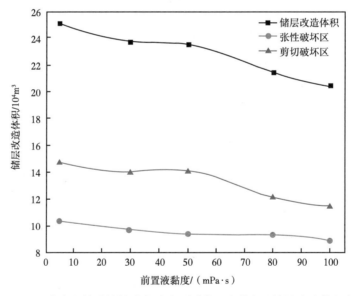

图 2-3-5　库车山前裂缝性致密砂岩不同前置液黏度下储层改造体积变化

（2）成像测井部门提供天然裂缝统计结果，考虑天然裂缝密度较高的位置来选择射孔位置。如果出现断层，需要综合地质结构和气水界面信息综合判断是否需要回避断层。

（3）根据单井地质力学模型，应力及"可压性"（基于杨氏模量和泊松比）相近的储层会被定位为同一级，并将根据储层完井质量分层。

（4）选择同时满足油藏质量和完井质量高的层位（由测井解释为良好的气层并且裂缝不发育，但上下层段具有裂缝高度发育的层段）布置射孔簇。再通过对每个目标储层的压裂进行模拟，获得裂缝从不同层起裂时可以达到的裂缝高度，如果邻近地层可以在相似的压力情况开启，这些层就可以作为同一个裂缝组，进而，可以作为一级进行压裂设计，以此进行分级。

具体分级原则为根据应力相似、可压性相近原则；优选可压性指数高的位置分簇射孔；每簇 2~3m，每井 8~12 簇，分 2~3 级，缝网酸压射开段占储层 50% 左右。图 2-3-6 所示为某井酸压分级优化图。

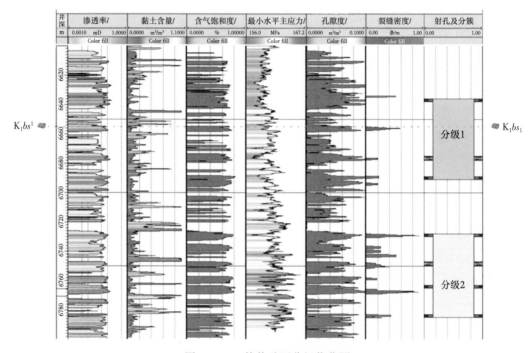

图 2-3-6　某井酸压分级优化图

（三）缝网酸压规模优化

缝网酸压工艺的主体酸用量设计包括三个部分：射孔孔眼周围侵入酸量、解除天然裂缝污染所用酸量和解除近井地带基质伤害所需酸量组成，具体设计过程中可以根据式（2-3-1）至式（2-3-4）进行计算。

$$V_{孔} = N_1 \pi r_1^2 L_1 \phi \qquad (2-3-1)$$

$$V_{缝} = N_2 L_2 H_2 r_2 + 2 N_2 L_2 H_2 r_3 \phi \qquad (2-3-2)$$

$$V_{基质} = \phi \left(\pi r_4^2 \times H_3 - V_{孔} - \left(N_2 L_2 H_2 r_2 + N_2 L_2 H_2 r_3 \right) r_4 / L_2 \right) \qquad (2-3-3)$$

$$V_{酸} = V_{孔} + V_{缝} + V_{基质} \qquad (2-3-4)$$

式中　　$V_{孔}$——射孔孔眼用酸量，m^3；

　　　　N_1——孔眼数，个；

　　　　r_1——孔眼周围储层伤害带深度，m；

　　　　L_1——射孔深度，m；

　　　　ϕ——储层平均孔隙度，%；

　　　　$V_{缝}$——沟通天然裂缝用酸量，m^3；

　　　　N_2——裂缝数，条；

　　　　L_2——天然裂缝平均长度，m；

　　　　H_2——天然裂缝平均高度，m；

　　　　r_2——天然裂缝裂缝宽度，m；

　　　　r_3——近裂缝壁面钻井液平均固相伤害带深度，m；

　　　　$V_{基质}$——基质段储层用酸量，m^3；

　　　　r_4——基质固相及液相伤害半径，m；

　　　　H_3——施工段有效厚度，m。

根据库车山前前期缝网酸压改造实践认识，前置酸用量一般为主体酸的 1.2~1.5 倍，后置酸用量一般为主体酸的 0.8~1.0 倍。前置液和顶替液用量一般为前置酸的 1.5~2.0 倍。

根据前期 74 口井酸压施工情况统计，平均每米用酸量 8~10m^3/m，其中前置酸：主体酸：后置酸比例约为（1.2~1.5）：1：（0.8~1.0）。图 2-3-7 所示为缝网酸压用酸量计算示意图。

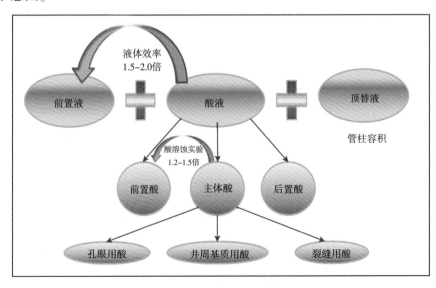

图 2-3-7　缝网酸压用量计算示意图

不同前置液用量下裂缝延伸规模不同，导致激活天然裂缝及储层改造体积也不尽相同。通过对三组不同规模（100m³、250m³和400m³）下的裂缝延伸路径进行模拟计算，以此来优化前置液液量对复杂缝网形成规律的影响。其他参数，前置液黏度为5mPa·s，排量设置为3m³/min。得到的不同液量规模下的裂缝延伸路径和裂缝扩展应力云图如图2-3-8和图2-3-9所示。对比模拟结果发现，前置液规模对水力裂缝长度有着明显的影响，随着液量的增大，水力裂缝长度增大，激活更多天然裂缝。通过对比不同液量下复杂缝网应力分布云图，发现水力裂缝激活天然裂缝后使得裂尖的应力集中现象有所改善，这是由于激活的天然裂缝使流体分流，缝内压力降低导致裂尖应力有所减小。

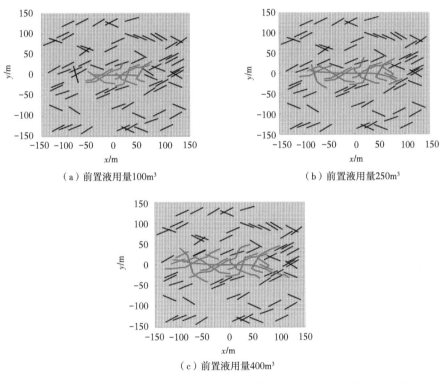

（a）前置液用量100m³　　　　　　　（b）前置液用量250m³

（c）前置液用量400m³

图2-3-8　库车山前裂缝性致密砂岩不同前置液用量注入裂缝延伸路径

（四）改造排量优化

排量的大小受完井管柱摩阻、井底裂缝延伸压力、管柱内液柱力大小和井口装备压力等级的影响，不同排量下的管柱摩阻不一样，会影响井口压力大小，井口压力的计算方法为井底的裂缝延伸压力−管柱内液注压力+管柱摩阻，选择满足井口装备压力等级的排量。

井底裂缝延伸压力一般要综合考虑本段天然裂缝开启临界压力（图2-3-10）、

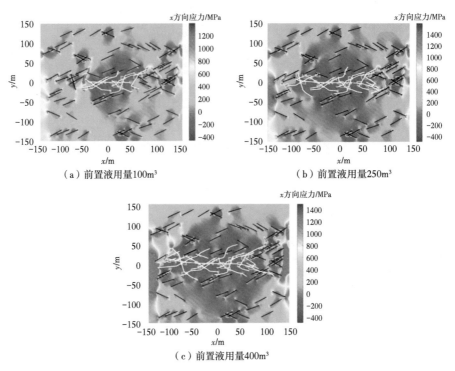

（a）前置液用量100m³　　　　　　（b）前置液用量250m³

（c）前置液用量400m³

图2-3-9　库车山前裂缝性致密砂岩不同前置液用量注入裂缝扩展应力分布

钻井液密度及漏失情况，并参考邻井储层裂缝延伸压力值来确定，不同排量下的井口压力预测值见表2-3-1。

表2-3-1　不同排量下的井口压力预测值

| 不同排量下井口压力预测/MPa | | | | | | | | | | 延伸压力梯度/MPa/m |
| 3.0m³/min | | 3.5m³/min | | 4.0m³/min | | 4.5m³/min | | 5.0m³/min | | |
井口压力	总摩阻	井口压力	总摩阻	井口压力	总摩阻	井口压力	总摩阻	井口压力	总摩阻	
77.6		83.7		90.4		97.9		105.9		0.019
83.9	19.6	90.0	25.7	96.7	32.4	104.2	39.9	112.2	47.9	0.02
90.2		96.3		103.0		110.5		118.5		0.021

在进行排量设计时，需考虑储层的避水情况和改造段的固井质量情况，若储层的避水高度小，需用软件模拟多大的排量可以避免沟通下面水层，若固井质量差，需要控制排量，防止管外窜。

缝网酸压过程中，前置液持续注入使井底压力升高迫使裂缝起裂、延伸，不同前置液排量注入时裂缝内流体压力各有所异，而在流体压力、地应力和天然裂缝应力干扰作用下，人工裂缝延伸路径、天然裂缝激活机制也有所差异。根据不同前置

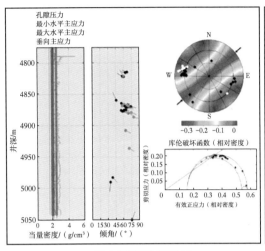

注入井底当量密度1.90
31条裂缝中10条开启，开启率32%

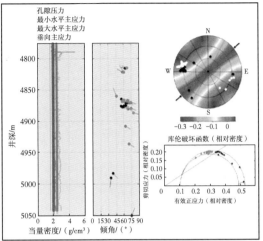

注入井底当量密度1.95
31条裂缝中18条开启，开启率58%

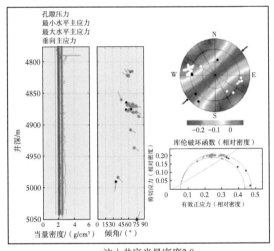

注入井底当量密度2.0
31条裂缝中26条开启，开启率84%

图 2-3-10　不同注入压力下天然裂缝开启情况

液排量注入下库车山前超深裂缝性致密砂岩复杂裂缝延伸规律进行分析，假定前置液规模为 400m³、前置液黏度为 5mPa·s，模拟不同注入排量 2m³/min、3m³/min、4m³/min、5m³/min 下裂缝扩展形态。如图 2-3-11 和图 2-3-12 所示分别为不同前置液排量注入下裂缝延伸路径及裂缝扩展应力分布云图。根据模拟结果，较低排量（2~3m³/min）注入时，水力裂缝与天然裂缝相交后天然裂缝更易被激活，流体转向流入天然裂缝促使天然裂缝张开，此时形成的裂缝网络形态较为复杂。而较高排量（4~5m³/min）注入时，裂缝内流体压力较高且天然裂缝应力干扰作用减弱，水力裂缝更易穿过天然裂缝继续延伸，天然裂缝激活程度较低，最终更易形成形态较为简

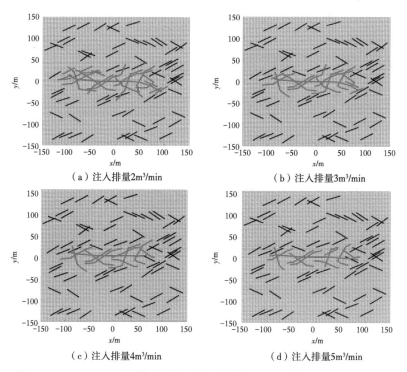

（a）注入排量2m³/min （b）注入排量3m³/min

（c）注入排量4m³/min （d）注入排量5m³/min

图 2-3-11 库车山前裂缝性致密砂岩不同前置液注入排量下裂缝延伸路径

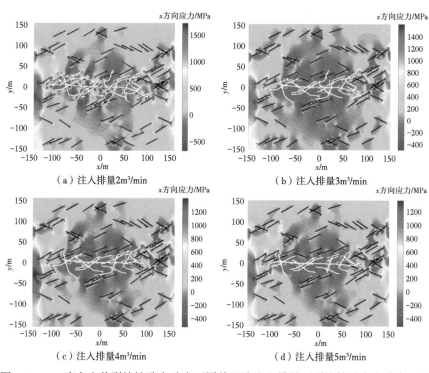

（a）注入排量2m³/min （b）注入排量3m³/min

（c）注入排量4m³/min （d）注入排量5m³/min

图 2-3-12 库车山前裂缝性致密砂岩不同前置液注入排量下裂缝扩展应力分布云图

单的双翼裂缝。故推荐缝网酸压中，前期注入低排量前置液激活更多天然裂缝，后期提高注入排量提高远井裂缝波及范围。

　　对比不同前置液注入排量下裂缝延伸结束后激活天然裂缝数量和储层改造体积进行计算，如图 2-3-13 和图 2-3-14 所示分别为不同前置液注入排量下激活天然裂缝数量及储层改造体积变化情况，从图可知采用中低排量前置液（$2\sim4m^3/min$）注入时形成的裂缝网络形态更为复杂，激活的天然裂缝数量更多，储层改造体积较大。

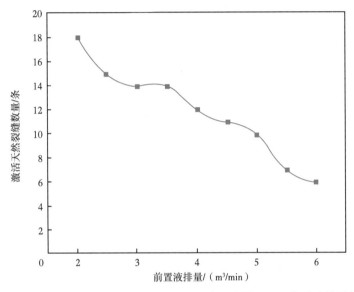

图 2-3-13　库车山前裂缝性致密砂岩不同前置液排量下天然裂缝激活数量

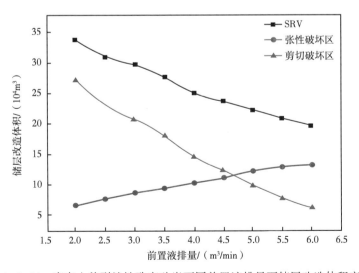

图 2-3-14　库车山前裂缝性致密砂岩不同前置液排量下储层改造体积变化

二、缝网压裂设计

针对裂缝不发育储层，主要是采用缝网压裂改造工艺。缝网压裂改造以沟通尽可能多的天然裂缝为主要目的。借鉴在页岩气应用的体积压裂的概念进行设计，通过激活和联通天然裂缝形成的缝网，提高单井产能。由于库车山前目的层较高的闭合压力，在配置大油管的同时，部分还需采用配伍的降阻剂和高密度盐水体系作为压裂液，尽量提高施工排量。泵送方式将采用前部滑溜水低浓度加砂，激活并支撑近井裂缝网络，后期连续泵送冻胶液提高加砂浓度，造主缝。

技术特点：注入不同黏度的液体，"滑溜水+基液+冻胶"激活不同产状天然裂缝和造人工裂缝，陶粒支撑压裂缝网，用可降解纤维+陶粒暂堵已改造层段，转向下一施工层段，实现人工裂缝、天然裂缝组合的高导流缝网。库车前陆区缝网压裂工艺是多种工艺的集成配套，涵盖了缝网压裂可行性、水力裂缝延伸机理分析、射孔优化、分级技术、纤维转向技术、液体组合技术、现场加砂控制技术、软硬复合分层改造技术。

（一）缝网压裂工作液优选

缝网压裂工作液体系包括前置液、压裂液体系和顶替液。

采用"低黏前置液+高黏携砂液"组合和交替泵注的模式，以摩尔—库伦理论做指导，向天然裂缝系统泵注低黏前置液，提高缝内流体压力，迫使天然裂缝发生剪切错动或张开，同时制造人工裂缝，再向压裂缝网中泵注高黏携砂液，支撑压裂缝网，提高缝网导流能力。

前置液包括滑溜水和线性胶，主要作用是降低储层温度和激活近井天然裂缝系统，根据改造段最大水平主应力方位与天然裂缝走向夹角大小来优选前置液：当最大水平主应力方位与天然裂缝走向夹角为小夹角（$\theta<30°$）时，前置液选择线性胶，造复杂程度低的缝网（图2-3-15）；当最大水平主应力方位与天然裂缝走向夹角为中等夹角（$30°<\theta<60°$）时（图2-3-16），前置液选择适量滑溜水+线性胶，造复杂程度较高的缝网；当最大水平主应力方位与天然裂缝走向夹角为大夹角（$60°<\theta<90°$）时（图2-3-17），前置液选择大量滑溜水+线性胶，造复杂程度高的缝网。

顶替液主要是采用线性胶，作用是将携砂液挤入地层。

压裂液体系作用是携砂，造人工主裂缝，并携带支撑剂注入地层，保持人工缝内一定的导流能力。压裂液配方应结合本井的储层温度、特征进行调试，满足油气藏地质与压裂工艺要求，压裂液黏度要满足高温地层携砂要求。压裂液配方的添加剂包括黏土稳定剂、助排剂、防水锁剂、杀菌剂和破乳剂。库车山前储层温度高，要求储层改造液体体系及相应添加剂耐高温。

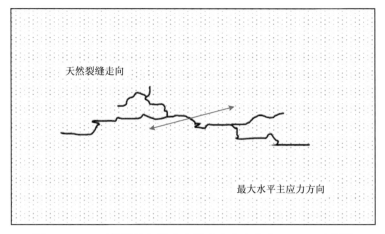

图 2-3-15 天然裂缝与最大水平主应力夹角为 0°~30° 示意图

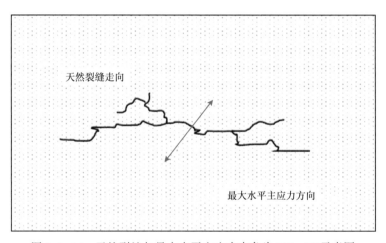

图 2-3-16 天然裂缝与最大水平主应力夹角为 30°~60° 示意图

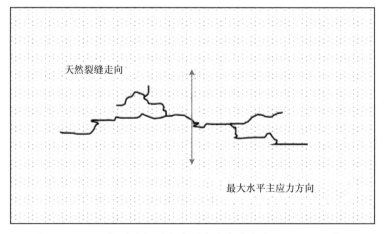

图 2-3-17 天然裂缝与最大水平主应力夹角为 60°~90° 示意图

（二）缝网压裂改造规模

库车山前缝网压裂改造目标是沟通井周近远端裂缝系统，基于远探测声波测井和地震约束下的三维裂缝建模，明确远井裂缝带分布，以此为目标优化改造规模。针对无法获取远井裂缝系统的井，基于压裂软件模拟，建立了不同储层类型对应的裂缝长度与改造规模关系（图2-3-18和图2-3-19），当改造裂缝缝长趋于稳定时，确定该规模。

压裂软件需输入的参数有储层孔隙度、渗透率、地层温度、最小水平主应力、杨氏模量、泊松比、压裂液稠度系数、压裂液流态指数和泵注排量等。

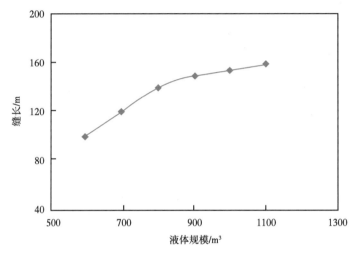

图2-3-18　Ⅱ类储层压裂规模与缝长关系

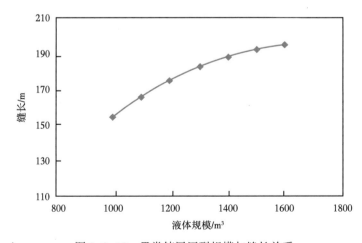

图2-3-19　Ⅲ类储层压裂规模与缝长关系

（三）改造排量

排量是一个影响水力压裂过程的一种重要参数，它控制净压力，控制裂缝增长，特别是在高水平应力各向异性的情况下，也会影响支撑剂分布，从而影响支撑剂的沉积、渗漏和桥塞情况。

在进行改造排量设计时，需考虑储层的避水情况和改造段的固井质量情况，若储层的避水高度小，需用压裂软件模拟合适的排量可以避免沟通下面水层，若固井质量差，需要控制排量，防止管外窜。

（四）厚度大储层分层改造工艺优选

库车山前裂缝性砂岩储层厚度大（150~250m），改造井射孔段跨度范围 60~170m，软件模拟及软件监测表明，在目前主体改造排量 4~6m³/min 条件下，裂缝高度为 50~60m（图 2-3-20）。所以笼统改造无法实现巨厚储层的纵向均匀改造，需采用分层改造工艺。

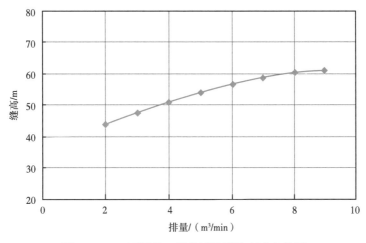

图 2-3-20　不同施工排量下的裂缝高度变化图

目前分层改造工艺主要有两种：暂堵软分层工艺和机械分层工艺。根据前期暂堵剂承压实验及缝网改造实践表明，暂堵软分层工艺承压能力范围为 3~5MPa。所以，针对层间应力差为 3~5MPa 的井，优选暂堵软分层工艺，缝网压裂采用"粉末+陶粒"暂堵工艺，缝网酸压采用不同粒径组合暂堵工艺；针对层间应力差大于5MPa，采用机械分层改造工艺，若两个封隔器之间的跨度大于60m，可以采用机械分层+软分层复合分层工艺。

库车山前储层厚度大，为实现库车山前厚储层全面改造，以及降低在超深井下入多封隔器的安全风险，进一步提高单井产能，设计机械硬分层+暂堵软分层的复合分层改造工艺，储层复合分层改造工艺是软分层和硬分层相结合的一种新型储层改造工艺,在常规改造工艺上创新形成了多封隔器管柱配置,用可溶球代替钢球,优选不规则多级暂堵颗粒代替以往的球形规则暂堵颗粒,降低多封隔器下入安全风险,使厚储层改造更加彻底、更加充分完善,能大幅提高储层泄流面积,助力提产提效。

三、配套设计

配套设计主要包括完井管柱设计、压前预处理、加砂压裂现场实施控制、暂堵转向设计和压裂支撑剂优选。

(一)完井管柱设计

缝网压裂施工作业过程中,要保证安全施工,实现预期压裂效果,一般选用完井管柱作为施工管柱,同时油套管柱完整性和油管柱配置结构是需要重点考虑的因素。同常规油气井相比,超深高温高压气井压裂期间油套管柱安全要考虑的因素较多,主要包括:井下工具的性能要求、油管柱设计、油管柱配置、油管柱力学校核、油层套管控制参数计算等。

1. 井下工具的性能要求

完井工具选择必须考虑耐温、耐压、防腐、强度及改造需求。需根据不同区块、不同气藏的温度、压力、流体性质选择不同等级和尺寸的工具,以满足开发要求。在工具选择方面,运用管柱力学分析软件,根据塔里木油田超深、超高温、超高压气井特点,对国内外耐高温高压完井工具产品进行优选,结合现场试验,确定采用永久式完井封隔器(5½in 和 5in)和井下安全阀(4½in 和 4in)为塔里木油田高温高压超深井气井完井配套工具。

2. 油管柱设计考虑因素

油管柱是油气生产的通道,因储层物性差、配产高,先进行缝网压裂施工、然后再进行投产,要求在包括完井、储层改造及长期生产的整个气井生命期内保持完整性,不会发生渗漏、变形、破裂等异常情况。因此,油管柱设计时需要考虑以下几方面的因素。

(1)油管柱的基本功能。

超深高温高压气井完井管柱的功能要求并非越多越好,功能要求设计一方面要考虑成本因素,另一方面也要考虑技术可行性及潜在风险,其主要功能有套管保护、安全控制、井下测试、分层改造等。

(2)油管柱优化设计原则。

①简单原则:油管柱的组成越复杂、工具越多,发生失效的概率就越大。因此,在满足要求的前提下管柱尽可能简单,必要时甚至可减少和牺牲部分功能。按照这一原则,油管柱一般由油管挂、井下安全阀、不同尺寸的油管和完井封隔器等组成。

②等剩余强度原则：在油管柱优化设计时，要从上部的油管挂、大尺寸油管、井下安全阀开始，一直到下部的小尺寸油管、封隔器等井下工具，逐一分析计算其抗拉强度、抗外挤强度、抗内压强度等是否满足不同工况、不同工序的要求，以及强度富余程度。原则上不同部位的载荷安全系数大致相等，以防止局部管柱因强度不够而失效。

③大通径、低摩阻原则：完井管柱需要尽可能通径大，以大幅降低管柱的摩阻和施工泵压，从而解放施工排量，提高改造增产效果。

④气密封性原则：完井管柱完整性设计主要指通过采用合理的封隔器密封方式（包括与油管的连接方式）及特殊气密性螺纹的综合作用，防止高压气体渗漏至环空中，引发安全隐患。

⑤防腐蚀性原则：由于异常高压气井压力高、腐蚀性气体（如 CO_2 等）分压高等原因，大多数井处于严重腐蚀环境，同时地层流体中的 Cl^- 也会加剧管柱的腐蚀。因此，须做好防腐措施。一方面选用抗腐蚀性材质的油管柱，另一方面采用环空保护液、注缓蚀剂等工艺防腐措施。

⑥经济性原则：为了降低完井成本，在满足完井、改造及长期生产需求的前提下，油管柱要考虑经济适用性。鉴于此，在油管柱配置上，油管尺寸可采用大尺寸与小尺寸的组合方式，管柱材质的选择综合考虑腐蚀与开发生产方式，既满足开发改造需要，又节约成本。

3. 油管柱配置

超深高温高压气井油管柱主要由井下安全阀、油管、永久式封隔器等构成，根据井况配置生产筛管、射孔枪等其他工具，管柱具有结构简单、安全性高及使用寿命长等特点。

针对库车山前不同区块高压超高压气藏特点，结合改造增产要求与工程技术能力，同时考虑到安全高效开发的生产需求，设计出三种不同的油管柱结构。

（1）射孔—酸压—完井一体化油管柱。

射孔—酸压—完井一体化油管柱主要用于储层情况已经明确，改造方式已经形成固定模式的开发井，采用这种工艺可以一次性地完成射孔、测试、酸压改造及酸化后的对比测试等作业工序，不仅避免了常规完井中多次重复起下钻、压井等作业程序，极大地提高作业效率，而且减少了压井、起下钻作业过程中的井控安全风险和对储层的伤害。

管柱结构：油管挂+油管+井下安全阀+油管+永久式完井封隔器+油管+剪切球座+开孔油管+射孔枪，根据井身结构和管柱优化设计的结果来确定使用的油管外径及封隔器类型。

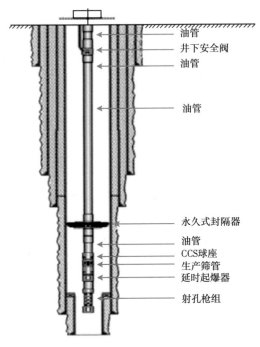

图 2-3-21　射孔—酸压—完井一体化
油管柱示意图

管柱特点：利用一趟管柱，直接实现了射孔、测试、酸化和排液求产等联合作业，减少了起下钻次数和地层伤害；如果口袋较长具备射孔后丢枪条件，则在管柱上增加丢枪接头，射孔后自动丢枪；如果不具备丢枪条件则可选择全通径射孔枪，这样既避免了射孔枪影响改造效果，又能满足后期生产、电测的需要。典型射孔—酸压—完井一体化油管柱示意图如图 2-3-21 所示。

（2）改造—完井一体化油管柱。

改造—完井一体化油管柱主要用于评价井及不具备丢枪条件的开发井完井作业。采用这种管柱结构可以实现储层改造和后期的完井投产。

配置了以"气密封油管、超高压安全阀、永久式封隔器"为核心的 3 套改造—完井—投产一体化管柱系列，可满足不同改造规模需求。

管柱特点：满足长期安全生产、储层改造和后期生产电测的需要。

①小型酸洗—完井一体化油管柱。

对于裂缝发育的储层，采用小型酸洗或酸化作业即可获得工业产能。油管柱以 $3\frac{1}{2}$in 油管为主，满足 $3m^3/min$ 以下的改造排量要求。具体管柱结构如图 2-3-22 所示。

②大型酸压—完井一体化油管柱。

对于裂缝较发育的储层，需要通过大型酸压或水力压裂才能获得工业产能。油管柱采用 $4\frac{1}{2}$in 和 $3\frac{1}{2}$in 油管组合，满足 $5\sim7m^3/min$ 的改造排量要求。具体管柱结构如图 2-3-23 所示。

③加砂压裂—完井一体化油管柱。

对于裂缝欠发育的储层，只能通过加砂压裂才能获得工业产能。为满足加

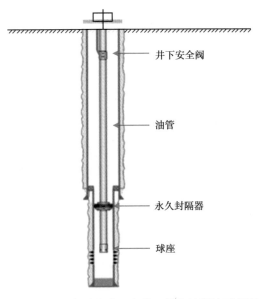

图 2-3-22　小型酸洗—完井一体化油管柱示意图

砂压裂施工要求，油管柱以 4½in 油管为主，设计施工排量 8m³/min 以上。具体管柱结构如图 2-3-24 所示。

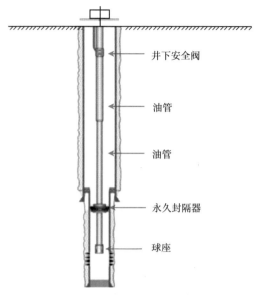

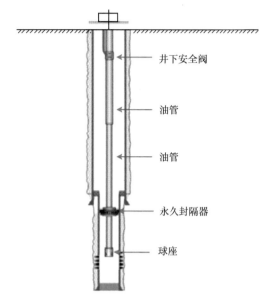

图 2-3-23　大型酸压—完井一体化油管柱示意图　　图 2-3-24　加砂压裂—完井一体化油管柱示意图

（3）分层改造—完井一体化油管柱。

分层压裂是针对非均质严重的纵向多产层，提高纵向改造强度的一种压裂工艺。改造井段较长时进行压裂一般采用分层压裂技术，针对井深、温度高、地层压力高等储层特点，优选封隔器+压裂滑套分段改造工具，采用这种管柱结构可以实现定点、定段的储层改造和完井投产，如图 2-3-25 所示。

油管柱结构：油管挂+油管+永久式封隔器+改造滑套+油管+永久式封隔器+油管+……+球座+改造滑套。

管柱特点：满足长期安全生产的要求；利用压裂滑套实现分层改造；管柱内通径能满足后期生产电测的需要。

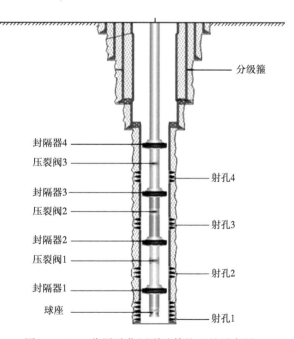

图 2-3-25　分层酸化压裂油管柱工具示意图

4. 管柱三轴校核

管柱入井后，受到自重、浮力以及坐封压力的作用产生初始变形量。在不同工况下，管柱随压力和温度的变化，管柱受力并产生变形，这种变形主要由 4 种基本效应：活塞效应、鼓胀效应、螺旋弯曲效应、温度效应产生。这 4 种效应会使管柱发生相应的变形量，综合所有变形量之和可求出管柱的总变形量。总变形量与初始变形量的差值通过第四强度理论公式计算出相当应力，就可以计算出管柱不同位置的相当应力安全系数。

（1）活塞效应。

活塞效应由油管内外压力作用在管柱直径变化处和密封管的断面上引起，有

$$\Delta F_{\mathrm{p}} = (A_{\mathrm{p}} - A_{\mathrm{i}}) \Delta p_{\mathrm{i}} - (A_{\mathrm{p}} - A_{\mathrm{o}}) \Delta p_{\mathrm{o}} \qquad (2\text{-}3\text{-}5)$$

式中　ΔF_{p}——活塞力，N；

　　　Δp_{i}——管柱内的压力变化量，MPa；

　　　Δp_{o}——管柱外的压力变化量，MPa；

　　　A_{p}——密封腔的横截面积，m^2；

　　　A_{i}——管柱内截面积，m^2；

　　　A_{o}——管柱外截面积，m^2。

（2）鼓胀效应。

管柱内外压差水平作用于管柱内外壁上，引起管柱缩短或伸长，有

$$\Delta F_{\mathrm{bal}} = 2\nu(\Delta p_{\mathrm{i}} A_{\mathrm{i}} - \Delta p_{\mathrm{o}} A_{\mathrm{o}}) + \nu L(\Delta \rho_{\mathrm{i}} A_{\mathrm{i}} - \Delta p_{\mathrm{o}} A_{\mathrm{o}}) \qquad (2\text{-}3\text{-}6)$$

式中　ΔF_{bal}——鼓胀效应导致的轴向力增加量，m；

　　　Δp_{i}——管内液体密度变化量，$\mathrm{g/cm}^3$；

　　　Δp_{o}——管外液体密度变化量，$\mathrm{g/cm}^3$；

　　　ν——泊松比，钢材一般取 0.30；

　　　L——管柱内截面积为 A_{i}，外截面积为 A_{o} 的管柱长度，m。

（3）螺旋弯曲效应。

因压力作用在密封管端面和管柱内壁面上引起，管柱轴向受力大于其临界弯曲力时，发生弯曲形变，有

$$F_{\mathrm{b}} = \frac{E\pi}{360} D(\alpha/L) A_{\mathrm{s}} \qquad (2\text{-}3\text{-}7)$$

式中　F_{b}——弯曲效应引起的轴向载荷，N；

　　　A_{s}——管柱截面积，m^2；

　　　α——井斜角，（°）；

L——管柱长度，m；

α/L——狗腿度；

E——杨氏模量，Pa；

D——外径，m。

如果作用在管柱上的力大于管柱发生弯曲的临界力，则管柱将发生弯曲。

①有效轴向力计算：

$$F_b = -F_a + p_i A_i - p_o A_o \tag{2-3-8}$$

式中 F_a——实际轴向载荷，N；

p_i——内压，MPa；

p_o——外压，MPa。

②临界弯曲力计算：

$$F_p = \sqrt{4W\sin\theta EI/r} \tag{2-3-9}$$

式中 F_p——临界弯曲载荷，N；

W——管柱浮重，kg；

θ——井斜角，（°）；

EI——管柱抗弯强度，kN；

r——环空间隙，mm。

弯曲判定见表 2-3-2。

表 2-3-2 弯曲判定表

弯曲等级	结果
$F_b < F_p$	不弯曲
$F_p \leq F_b < 1.4F_p$	正弦弯曲
$1.4F_p \leq F_b < 2.8F_p$	正弦或螺旋弯曲
$2.8F_p \leq F_b$	螺旋弯曲

（4）温度效应。

由于温度变化使管柱材质发生膨胀或收缩，造成管柱发生伸长或缩短的形变，其计算公式为

$$\Delta F_{temp} = -\alpha E A_s \Delta T \tag{2-3-10}$$

式中 ΔF_{temp}——温度变化导致的轴向力增加量，N；

α——热膨胀系数（钢铁为 $12.42 \times 10^{-6}/℃$）；

A_s——管柱截面积，m^2；

E——杨氏模量，Pa；

ΔT——整个管柱的平均温度变化，℃。

（5）相当应力。

①相当应力计算：

$$Y_p \geq \sigma_{VME} = \frac{1}{\sqrt{2}} [(\sigma_z - \sigma_\theta)^2 + (\sigma_\theta - \sigma_r)^2 - (\sigma_r - \sigma_z)^2]^{1/2} \qquad (2-3-11)$$

式中　Y_p——最小屈服强度，MPa；

　　　σ_{VEM}——三轴应力（相当应力），MPa；

　　　σ_z——轴向应力，MPa；

　　　σ_θ——周向（切向）应力，MPa；

　　　σ_r——径向应力，MPa。

②相当应力安全系数 K 计算：

$$K_{相当} = 屈服强度/相当应力$$

5. 油管柱三轴力学校核

（1）校核基础参数的确定。

利用管柱力学分析软件进行试油及完井管柱校核，首要任务是基础参数的收集及确认，而基础参数的选取往往存在很多不确定因素，包括参数的多样性、设计人员主观性等，所以明确基础参数的选取有利于完井管柱校核的准确度和效率，有利于校核规范化。

①安全系数：油管抗内压安全系数大于 1.25，抗外挤安全系数大于 1.4，全井管柱的三轴安全系数大于 1.50，组合测试管柱在空气中的轴向抗拉强度安全系数应大于 1.60。

②油管强度：由于 ISO 13679 Ⅳ级试验在对油管接头进行强度试验时，强度试验值至额定强度的95%，因此在进行管柱力学校核时，油管强度按其额定强度的95%进行计算。

③储层改造施工相关参数：压裂液的密度和摩阻系数是软件模拟的重要参数，摩阻系数的准确与否往往决定了软件模拟结果与现场实际施工结果的准确程度，储层改造液体类型、密度、液体规模、摩阻系数以及压力延伸梯度应与改造设计保持一致。入井流体温度取实测温度，液体摩阻系数应依据室内试验获得的流性指数 n、稠度系数 k 值确定。

④压力延伸梯度：首先，若本井有完井改造综合地质力学评价报告，应根据综合地质力学评价报告提供的裂缝临界应力为计算依据；其次，若本井试油层前期有酸化压裂施工，应根据其改造施工曲线图求取地层压力延伸梯度；或者，参考同区

块邻井同层位试油段酸化压裂施工数据，求取地层压力延伸梯度；最后，若以上数据都无，本井为本区块第一口探井，建议压力延伸梯度尽量取高值，以确保实际施工的安全。

⑤预计产出流体及产量：生产压差、预计产出流体及产量应依据产能预测报告中提供的数据。

⑥地层压力、温度的预测：正确预测地层压力、温度分布是试油及完井管柱力学分析的基础。地层压力与温度应依据试油地质设计中提供的地层温压资料，优先采用本井实测的地层温压资料。

（2）校核工况分析。

在基础参数确定后，就是分析管柱入井后管柱所经历的各种工况，明确需要进行管柱强度校核的工况，以保证管柱在整个生命周期内安全、可靠。

①初始状态：首先确定"初始状态"下的管柱受力情况。对试油及完井管柱在井筒自由状态下各段油管的受力分析及强度校核，主要包括管柱沿井深分布的轴向应力（管柱自重及浮力影响）同油管螺纹抗拉强度的比较。

②坐封工况：封隔器坐封后管柱力学分析，封隔器根据其坐封方式有支撑式封隔器、卡瓦式封隔器、水力压差式封隔器3大类。针对不同类型的封隔器，其坐封方式的不同，会导致试油及完井管柱受力的不同。

③替液工况：替液过程中流体类型、密度的变化以及排量、泵压都会导致管柱在井筒内发生变形。

④改造工况（正常改造、低挤、砂堵）：封隔器管柱在改造作业开始后，油管内注入压裂液（携砂液），压裂液的温度会对管柱产生影响，同时升高的油管压力会产生两个效应：一方面作用在油管上的虚构力使得油管发生螺旋弯曲；另一方面，油管内压力增加产生的鼓胀效应使油管缩短。压裂中采用不同排量注入时摩阻也会对管柱受力和变形产生影响，使得油管柱的受力情况更加复杂，必须对油管柱组合应力进行校核。

⑤生产工况：生产时地层流体进入井筒，通过试油管柱产出到井口，其高温高压会对管柱产生影响，特别是长期生产时。一方面，地层流体本身温度会使油管受热膨胀伸长；另一方面，地层流体的高压致使油管内压力升高而产生鼓胀效应。生产时不同产量与油压都会对管柱产生影响。

⑥关井工况：生产后关井，井口油压上升，管内压力升高，管柱受力加剧。

⑦生产后期：在气井进入开发生产后期时，随着地层能量衰竭，油压和日产气量都会不断地减少，油管内外的压差会不断加大，特别是下部管柱，因此必须对油管柱进行校核，确定最低生产油压。

（3）油管柱轴向抗拉强度安全系数确定。

在相同尺寸的井眼中按等剩余抗拉强度原则或黄金分割法确定组合油管的长度，组合测试管柱在空气中的轴向抗拉强度安全系数应大于1.60。计算每段油管在空气中的轴向抗拉强度安全系数，确定最低轴向抗拉强度安全系数所处的位置。

（4）油管柱三轴强度校核。

综合考虑油管柱在井内温度和压力变化情况下对管柱的强度影响，客观真实反映试油及完井管柱在井内的受力状态，计算出试油及完井管柱在不同工况下三轴应力安全系数分布（图2-3-26）。

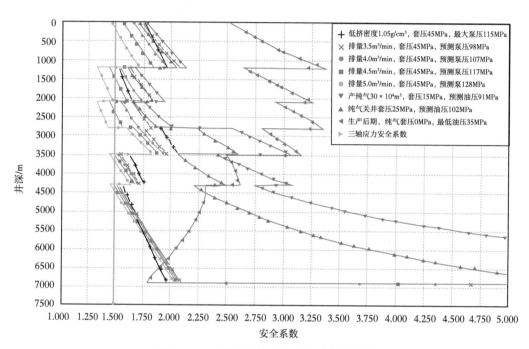

图2-3-26　管柱三轴应力安全系数分布图

在全井管柱满足规定三轴应力安全系数的前提下，计算所需施加环空压力值，然后给出不同工况下最低安全系数及薄弱点位置，校核工况的选取应根据实际施工模拟。

在校核过程中，还应给出每段油管受力载荷包络图（图2-3-27），要求所有工况下的载荷应控制在包络图范围内（两图公共部分）。

（5）油层套管控制参数计算。

油层套管是直接与油气层接触的套管（包括尾管），对于带封隔器测试管柱应分别计算封隔器上部和封隔器下部的套管控制参数。

一般情况下套管强度按新套管取值，对于长停井或钻井期间可能存在磨损的井，套管强度数据应考虑磨损后的套管剩余强度。

油层套管控制参数计算包括抗内压强度校核、抗外挤强度校核。校核抗内压强

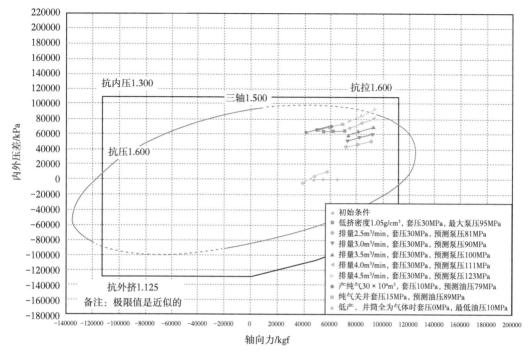

图 2-3-27 油管受力载荷包络图

度时管外应按清水计算；校核抗外挤强度时管外应按固井前本开钻进期间最大钻井液密度计算。

抗内压强度校核应包括：管内为测试工作液时，封隔器上部套管允许的最高套压，以确定井下工具操作压力和改造期间的平衡压力范围；管内分别为清水、纯气时，封隔器下部套管允许的最高油压，以确定封隔器以下套管能否满足稳定关井的要求。

抗外挤强度校核应包括：管内为清水时，封隔器下部套管允许的最大掏空深度；管内为纯气时，封隔器下部套管允许的最低油压。

（二）压前预处理

1. 小型测试压裂

小型测试压裂主要用于确定地层破裂压力、沿程摩阻、闭合应力、近井摩阻存在形式和综合滤失系数等加砂压裂设计参数，为正式压裂采用针对性措施提供依据。

2. 支撑剂段塞设计的作用

支撑剂段塞在压裂过程中有多重作用：降滤失，减少裂缝条数，保护小裂缝、提高枝节裂缝和边缘裂缝的导流能力，打磨射孔孔眼、近井筒附近裂缝壁面，减小近井裂缝弯曲效应等。库车山前碎屑岩储层地应力高、杨氏模量高，天然裂缝发育，人工裂缝宽度窄，支撑剂段塞的设计除考虑上述作用外，还需进行多级段塞、大段塞量设计，其目的试探裂缝对砂浓度敏感性，利用前置液进行全程加砂等。

3. 酸预处理

酸预处理就是在压裂施工前向地层注入一定量的酸液以降低岩石的破裂压力，从而降低人工裂缝起裂的难度。该工艺降低破裂压力机理主要有：钻井过程中不可避免地会对储层造成伤害，通过酸液与钻井液、滤液及地层中可溶成分发生反应，不但清洗了钻井过程中的伤害，而且改变了近井储层矿物成分的含量和孔隙的胶结强度，改变了岩石的内聚力和摩擦角，由此改变岩石的力学性质，较大幅度地降低破裂压力。

岩样过酸后的粒度组成有从大颗粒向小颗粒转化的现象，即大颗粒含量降低，小颗粒含量增加，这是粒径较大、硬度较大的石英、钾长石和斜长石等物质被溶解的结果。这些物质的减少，必将会降低岩石的力学参数，见表2-3-3。

表2-3-3　岩样酸处理后主要矿物成分含量及粒度变化情况

实验编号	酸液类型	石英		钾长石		斜长石		方解石	
		含量/%	粒度/mm	含量/%	粒度/mm	含量/%	粒度/mm	含量/%	粒度/mm
1#	未经酸处理	37.52	1.00~0.70	7.70	0.5~0.2	32.68	0.5~0.25	5.50	0.1~0.01
2#	10%HCl	36.40	1.00~0.70	7.50	0.5~0.2	31.45	0.5~0.25	0.15	—
3#	10%HCl+0.5%HF	34.80	0.85~0.70	5.20	0.3~0.15	28.53	0.3~0.1	0.20	—
4#	10%HCl+1%HF	32.25	0.70~0.50	3.35	0.2~0.1	25.29	0.2~0.1	—	—
5#	10%HCl+3%HF	31.03	0.60~0.50	2.15	0.15~0.1	21.37	0.15~0.1	—	—

根据岩石酸预处理前后破裂压力预测模型，计算出A201井、A22井、A202井各个层位的破裂压力，结果见表2-3-4，可以看出，经酸预处理后，岩石的破裂压力梯度降低了10%左右。

表2-3-4　酸预处理前后岩石的破裂压力梯度

井号	井段深度/m	层位	裸眼完井破裂压力梯度/(MPa/m)		射孔完井破裂压力梯度/(MPa/m)	
			酸预处理前	酸预处理后	酸预处理前	酸预处理后
A201井	4779.0~4862.0	$E_{2-3}s_1^1$	0.0307	0.02763	0.0238	0.02142
	4866.0~4957.5	$E_{2-3}s_2^1$	0.0342	0.03078	0.0264	0.02376
	4970.0~4995.0	$E_{2-3}s_3^1$	0.0323	0.02907	0.0248	0.02232
	5028.0~5064.5	$E_{1-2}km_2^1$	0.0316	0.02844	0.0239	0.02151
	5077.5~5125.5	$E_{1-2}km_2^2$	0.0339	0.03051	0.0256	0.02304
	5139.5~5183.0	$E_{1-2}km_3^1$	0.0307	0.02763	0.0234	0.02106

井号	井段深度/m	层位	裸眼完井破裂压力梯度/（MPa/m）		射孔完井破裂压力梯度/（MPa/m）	
			酸预处理前	酸预处理后	酸预处理前	酸预处理后
A22 井	4742.0~4825.0	$E_{2-3}s_1^1$	0.0319	0.02871	0.0248	0.02232
	4830.0~4890.0	$E_{2-3}s_2^1$	0.0259	0.02331	0.0271	0.02439
	4903.0~4926.0	$E_{2-3}s_3^1$	0.0290	0.02610	0.0243	0.02187
	4960.0~4996.0	$E_{1-2}km_2^1$	0.0307	0.02763	0.0247	0.02223
	5009.0~5060.5	$E_{1-2}km_2^2$	0.0316	0.02844	0.0242	0.02178
	5074.0~5094.5	$E_{1-2}km_3^1$	0.0302	0.02718	0.0241	0.02169
A202 井	4845.0~4913.0	$E_{2-3}s_1^1$	0.0298	0.02682	0.0229	0.02061
	4917.5~5009.5	$E_{2-3}s_2^1$	0.0339	0.03051	0.0260	0.02340
	5021.0~5047.0	$E_{2-3}s_3^1$	0.0262	0.02358	0.0200	0.01800
	5083.0~5117.0	$E_{1-2}km_2^1$	0.0311	0.02799	0.0235	0.02115
	5132.0~5186.0	$E_{1-2}km_2^2$	0.0292	0.02628	0.0222	0.01998

（三）加砂压裂现场实施与控制

裂缝性储层加砂压裂对砂浓度较敏感，同时储层横向滤失难以预测，因此加砂压裂的实施控制技术很重要。经过库车山前裂缝性储层加砂压裂的实践，形成了较为适用的压裂实施控制技术。

（1）根据压力调整施工排量：在施工未达到设计排量时，根据压裂设备能力留有 10~15MPa 的压力空间，在正式压裂前调整排量，以获得最大的加砂压裂施工排量。

（2）根据施工排量调整最大加砂浓度。

（3）加砂阶段的变排量技术：加砂压裂阶段施工压力持续下降，地层滤失明显增大时，在加砂阶段仍需要提高排量施工，弥补地层的滤失，确保施工能够顺利实施。

（四）暂堵转向设计

库车前陆区储层纵向跨度大、裂缝发育、非均质性强，纵向上物性差异大，笼统改造不能实现厚储层充分动用，需要分层改造，但由于超深、高地应力、高温等特殊条件，井筒机械硬分层风险大，储层纵向难以有效动用。需充分利用储层与隔层之间的应力差，有效阻隔储层与储层间的裂缝纵向窜层，实现安全、有效的纵向软分层目的，通过室内研究和现场试验，形成了可降解暂堵颗粒转向技术，研发了不同粒级（1mm、3mm、4mm、6mm、8mm）颗粒、纤维、1~5mm 和 5~10mm 等清洁转向材料，其原理是利用可降解暂堵材料对已经压开的人工裂缝实施桥堵，使液体转向其他物性相对较差层段，流体压力增加并开启下一个闭合压力较大的裂缝，起到分段压裂的作用，液体流入下一个裂缝，进行下一级的改造，增大改造体积。改造结束后，可降解暂堵颗粒可以在储层温度下完全降解返排，对储层无伤害，恢复裂缝与井筒的流通通道，实现清洁暂堵转向改造。

通过实验和现场探索形成了不同粒径级配+纤维的组合转向工艺，暂堵转向颗粒堆积原理如图 2-3-28 所示，实现了"纵向转层、层内转向"，优化形成了适合不同缝宽的暂堵剂配方及相应封堵长度。结合在线投送装置特征和井工况，配套形成了投送暂堵材料的施工参数，提高暂堵效果。

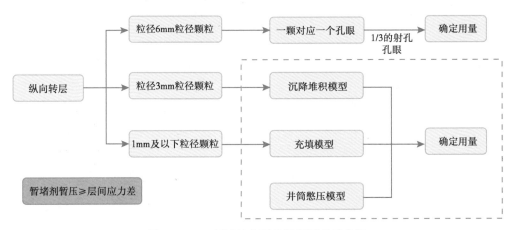

图 2-3-28　暂堵转向颗粒堆积原理示意图

暂堵转向设计主要包括根据地质力解释成果进行改造分级、数值模拟获取裂缝参数、室内实验获取暂堵剂组合和浓度以及不同封堵强度下的封堵深度（表 2-3-5）。

表 2-3-5　转向工艺设计具体内容

转向工艺设计内容	设计方法
地质力学改造分级	结合地质力学、井漏、裂缝等资料人为分级
裂缝参数	缝宽采用模拟缝宽；缝高采用射孔厚度代替
组合及浓度	室内实验确定组合及浓度
封堵深度	室内实验确定组合及浓度

根据井目的层温度，考虑压裂过程中井底温度降幅，兼顾暂堵剂承压能力及改造后暂堵剂彻底降解，优选暂堵剂温度级别：

结合软件模拟，第一级施工后进行第一次层间转向，进行缝口暂堵，按照裂缝缝高、缝口动态缝宽参数、封堵深度，优化暂堵材料颗粒用量计算暂堵剂用量：

$$V = 2HWL \tag{2-3-12}$$

式中　V——封堵剂体积，m^3；

　　　H——缝高，m；

　　　W——动态缝宽，m；

　　　L——半缝长，m。

　　压裂施工过程中，为防止暂堵颗粒进入主管汇，投球泵使用一台混砂车进行单独供液，进液口采用回旋设计，液体喷出后沿罐壁自然形成涡流，加上搅拌器的作用使颗粒分布更加均匀，混砂车增加电动漏斗，通过控制转速来控制蜗杆的转速，设置低、中、高三挡，对应浓度分别为 100kg、150kg、200kg 的暂堵颗粒用量，量化注入指标，由于蜗杆匀速转动，暂堵颗粒均匀下到罐里，使颗粒分布到携球液里，保证浓度的稳定。现场在线投加暂堵剂装置如图 2-3-29 所示，现场混砂车回旋喷管如图 2-3-30 所示，现场混砂车增加电动漏斗如图 2-3-31 所示。

图 2-3-29　现场在线投加暂堵剂装置

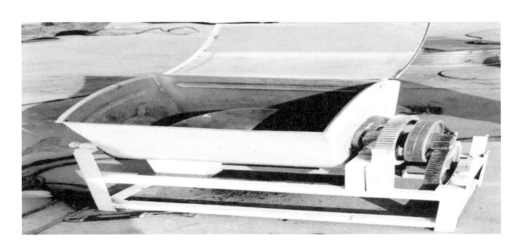

图 2-3-30　现场混砂车回旋喷管

图 2-3-31　现场混砂车增加电动漏斗

结合在线投送装置特征和井工况，配套形成了投送暂堵材料的施工参数，提高投送、铺置效果。在暂堵剂到达地层之前，降排量至 $2\sim3m^3/min$，使暂堵材料堆积在已压开井段附近，观察转向效果，提高施工安全系数。暂堵剂加入顺序：按照 $5\sim10mm$ 颗粒:$1\sim5mm$ 颗粒 = 1:1 混合加入。

（五）压裂支撑剂优选

水力压裂是深层致密砂岩储层提高单井产量和采收率的重要技术之一。支撑剂随压裂液一同进入水力裂缝，使其水力裂缝不闭合，保持高导流能力并允许油气流动，支撑剂充填层的导流能力直接关系到压裂施工质量和增产效果。

1. 支撑剂优选原则

由现场施工情况和实验研究可知，在其他条件相同的情况下，支撑剂粒径越大，铺砂浓度越高，支撑裂缝的导流能力越大，但是携砂液泵入地层时的施工难度也随之增大，携砂液的沉降速率也更快。因此在支撑剂优选过程中，除了要保证裂缝导流能力达到一定的要求，还要尽量减小携砂液泵入时的施工难度，减小携砂液的沉降，保证大部分支撑剂进入裂缝，起到支撑裂缝的作用。因此确定了如下 6 条支撑剂的优选原则：

（1）优先选择符合导流能力要求的支撑剂粒径或组合；

（2）优先选择施工风险小的支撑剂粒径或组合；

（3）优先选择铺砂浓度较低的支撑剂粒径或组合；

（4）优先选择小粒径的支撑剂；

（5）优先选择小粒径的支撑剂组合，而非单一的大粒径支撑剂；

（6）优先选择小粒径支撑剂所占比例大的组合。

其中（2）～（6）5条优选原则是为了降低泵入难度、减小支撑剂沉降率以及降低施工成本。

2. 支撑剂优选方法

结合储层压裂施工导流能力要求和支撑剂优选原则，进行支撑剂粒径优选。具体方法是根据闭合压力和导流能力关系图，找出符合导流能力要求的支撑剂或者支撑剂组合，再根据支撑剂优选原则，优选出最佳支撑剂粒径组合。

根据储层改造井段的最小水平主应力大小，生产压差大小，计算出作用在裂缝壁面的有效应力值，优化支撑剂的抗压级别。库车山前储层裂缝发育非均质强，针对裂缝发育储层，支撑剂优选为70/140目+40/70目+30/50目可固化覆膜陶粒支撑剂，用70/140目粉陶支撑错动的天然裂缝和起降滤失的作用，用40/70目支撑剂支撑主缝，提高导流能力，用30/50目覆膜支撑剂尾追，防止后期生产过程中出砂。针对裂缝欠发育储层，支撑剂优选为40/70目+30/50目覆膜支撑剂。

如某井储层裂缝欠发育，水平最小主应力为2.23MPa/100m，改造段中深6280.5m，计算最小水平主应力为171MPa；生产压差取10～50MPa，计算作用在裂缝壁面的有效应力为29～69MPa。为保证支撑剂远距离传输及避免砂堵，支撑剂抗压级别选用103MPa等级，支撑剂组合选用40/70目高强度陶粒+30/50目覆膜支撑剂。表2-3-6为不同生产压差下裂缝壁面有效应力计算表。

表2-3-6　不同生产压差下裂缝壁面有效应力计算表　　　　单位：MPa

生产压差	最小水平主应力	井底压力	裂缝壁面有效应力	孔隙压力
50	140.1	71.1	69	121.1
40	140.1	81.1	59	121.1
30	140.1	91.1	49	121.1
20	140.1	101.1	39	121.1
10	140.1	111.1	29	121.1

3. 不同粒径支撑剂在裂缝中运移规律

研究支撑剂在裂缝中的运移规律对于指导压裂设计和压裂评价具有重要意义，采用可视化平行板装置进行支撑剂运移实验研究。分别采用70/140目、40/70目、20/40目3种粒径的支撑剂开展支撑剂运移分布模拟实验，得到沙堤分布形态如图2-3-32所示。可以看出，试验中采用70/140目支撑剂时，支撑剂在裂缝中的铺置非常均匀，这是由于小粒径支撑剂便于被携带，可被携带距离大。随着支撑剂粒径增加，靠近井筒端的沉降也越多，在裂缝尾端只沉降了少量支撑剂。

支撑剂粒径	裂缝中支撑剂分布剖面
70/140目	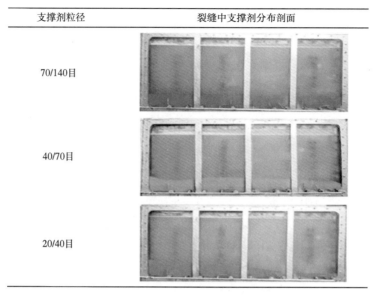
40/70目	
20/40目	

图 2-3-32　不同粒径支撑剂在单缝中沙堤分布形态

同等条件下，小粒径（70/140 目）的支撑剂运移的距离更远，随着粒径增大，缝口处支撑剂沉降量明显增加，不利于充填长裂缝，因此深层致密砂岩储层考虑采用小粒径支撑剂铺置及组合铺置方法优化。

4. 不同粒径支撑剂比例组合优化

根据压裂现场实际需求，开展不同粒径组合支撑剂导流能力测试，70/140 目与40/70 目支撑剂按照 1∶10、1∶5 和 1∶2 不同比例前后铺置，铺置浓度均为 5kg/m²。

不同比例粒径组合支撑剂渗透率及导流能力结果如图 2-3-33 和图 2-3-34 所示，实验数据见表 2-3-7。加入 70/140 目小粒径支撑剂的量越多，导流能力和渗透率越低，小粒径支撑剂加入比例小于 1/5 时，导流能力不会大范围下降，建议小粒

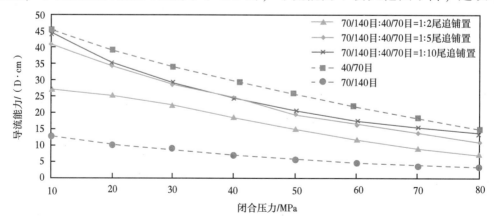

图 2-3-33　不同比例小粒径支撑剂组合导流能力

径支撑剂使用浓度范围小于 1:5，即小粒径支撑剂占比不超过 17%。经统计，目前油田现场 70/140 目小粒径支撑剂平均占比 5.47%，最高为 15%，结合施工排量，可适当加大 70/140 小粒径支撑剂用量，提高有效缝长。

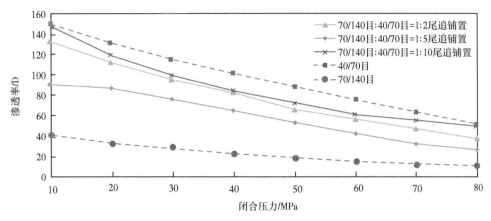

图 2-3-34 不同比例小粒径支撑剂组合渗透率

表 2-3-7 组合样品导流能力测试结果（铺置浓度 5kg/m²）

闭合压力/MPa	70/140 目与 40/70 目按 1:2 比例尾追铺置		70/140 目与 40/70 目按 1:5 比例尾追铺置		70/140 目与 40/70 目按 1:10 比例尾追铺置		40/70 目		70/140 目	
	导流能力/D·cm	渗透率/D	导流能力/D·cm	渗透率/D	导流能力/D·cm	渗透率/D	导流能力/D·cm	渗透率/D	导流能力/D·cm	渗透率/D
10	27.05	90.16	40.9	132.57	44.49	148.06	45.32	149.22	12.32	38.04
20	25.38	86.18	34.15	111.97	35.24	119.07	39.16	130.96	10.2	32.21
30	22.26	76.25	28.68	94.95	29.22	100.05	34.14	115.52	8.8	28.12
40	18.64	64.4	24.69	82.45	24.41	84.33	29.8	101.36	7.04	22.78
50	15	52.18	19.28	64.92	20.63	71.9	25.72	88.1	5.58	18.21
60	11.86	41.4	16.43	55.78	17.37	60.93	21.6	74.76	4.41	14.56
70	9	31.81	13.79	47.22	15.48	54.81	18.23	63.4	3.53	11.82
80	7.36	26.2	10.79	37.2	13.61	48.42	14.76	51.65	3.21	10.84

根据实验中组合粒径支撑剂导流能力数据，将组合粒径支撑剂导流能力进行拟合，以便于推广至其他比例，用来估算不同 70/140 目与 40/70 目比例组合下的导流能力，大幅度减小实验量，节省实验时间。拟合公式为

$$组合粒径导流能力 = aAK_fW_f（70/140 目）+bBK_fW_f（40/70 目）$$

式中 A——70/140 目支撑剂体积分数，%；

B——40/70 目支撑剂体积分数,%;

a——70/140 目支撑剂计算匹配系数;

b——40/70 目支撑剂计算匹配系数。

通过现有数据拟合得到 70/140 目与 40/70 目支撑剂匹配系数可拟合为 $a=-7.8282x^2+6.6249x+0.162$;$b=-1.3102x^2-0.1883x+0.928$,如图 2-3-35 所示。

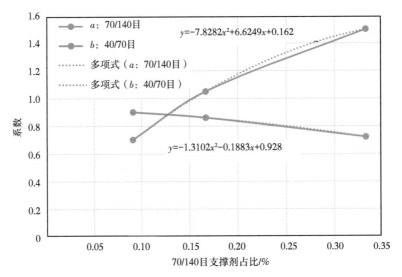

图 2-3-35　不同比例小粒径支撑剂组合综合导流能力计算公式系数拟合

以塔里木油田库车山前中秋区块为例,进行不同支撑剂组合导流能力模拟研究。储层中深 6127m,压力 121.93MPa,建立气藏模型,裂缝半缝长为 100m,支撑剂导流能力数据取值为闭合压力 30MPa,选取承压 103MPa 的陶粒,图 2-3-36 和图 2-3-37 为不同支撑剂组合条件下,日产气量和累计产气量变化。随着 70/140 目小粒径支撑剂用量的增加,日产气量及累计产气量呈递减趋势,当 70/140 目小粒径支撑剂用量超过 1/5 时,产量下降较为显著,如图 2-3-38 和图 2-3-39 所示。结合库车山前超

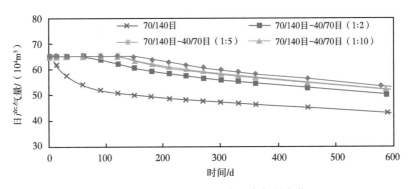

图 2-3-36　不同粒径组合日产气量变化

深致密储层，形成小粒径组合支撑剂使用优化方案：70/140 目小粒径支撑剂用量不超过 40/70 目小粒径支撑剂用量的 1/5 对产量影响不大。

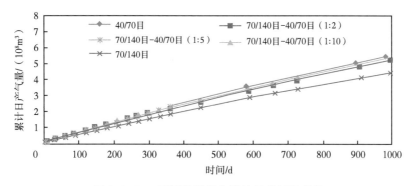

图 2-3-37　不同粒径组合累计日产气量变化

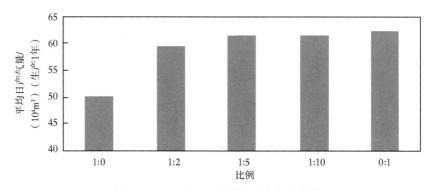

图 2-3-38　生产 1 年平均日产气量变化

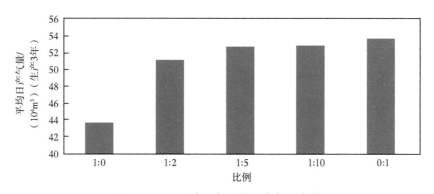

图 2-3-39　生产 3 年平均日产气量变化

考虑裂缝不同位置对导流能力需求不同，模拟分析人工裂缝变导流能力对产量影响，依据库车山前实际储层特点，假定人工支撑缝长 100m，对比导流能力分别为 10D·cm、20D·cm、30D·cm、40D·cm，与从远井到近井导流能力分别为 5D·cm、10D·cm、25D·cm 情况井产量变化进行模拟。人工裂缝变导流能力 5D·cm、10D·cm、

25D·cm 增产效果与平均导流能力为 20D·cm 相当，如图 2-3-40 所示。同时开展 70/140 目、70/100 目和 40/70 目不同粒径支撑剂按照 3:4:3 楔形变导流测试，70/140 目、70/100 目、40/70 目不同粒径支撑剂导流能力分别为 5D·cm、10D·cm、25D·cm，实验测得综合导流能力为 18~19D·cm，如图 2-3-41 所示。因此，在裂缝前端使用更容易携带的小粒径支撑剂，控制支撑剂的铺置浓度，使用不同粒径支撑剂组合，达到变导流效果，更有利于降本增效，减小施工风险，同时实现对裂缝的高效支撑。

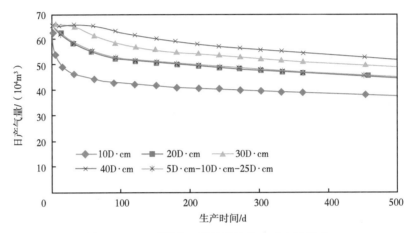

图 2-3-40　不同人工裂缝导流能力对产量影响

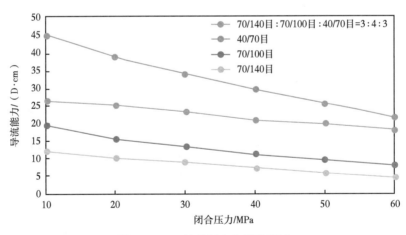

图 2-3-41　粒径组合变导流测试

第四节　储层改造材料配套

针对库车山前高温高压裂缝性致密砂岩储层，为支撑缝网压裂技术和缝网酸压技术高效实施，配套了相应的改造工作液和暂堵剂，其中，压裂液主要有氯化钾加重压裂液、硝酸钠加重压裂液、氯化钙加重压裂液、耐高温低伤害压裂液、非交联压裂液和滑溜水，酸液主要包括复合土酸、自生土酸，暂堵剂主要有纤维、球形暂堵剂和不规则暂堵剂。本节重点对常用和最新研发的改造液材料进行介绍。

一、改造工作液体系

（一）加重压裂液

库车山前高温高压裂缝性致密砂岩储层具有埋藏深度大、温度高和施工压力高等特点，施工压力过高，施工风险大，甚至部分井因为压力过高无法实施改造。使用高密度压裂液，提高管柱中静液柱的压力，相对增加地面泵组的有效功率，这是压开高破裂压力储层最直接且有效的方法。

现有加重压裂液体系按照加重剂来划分，可以分为氯化钾、硝酸钠、甲酸盐、溴盐及复合盐等几类。其中，氯化钾加重压裂液成本最低，但加重液密度有限，最大 $1.15g/cm^3$；硝酸钠加重压裂液密度 $1.32g/cm^3$；甲酸盐及溴盐体系可加重至 1.5 g/cm^3 以上，成本较高，高出普通压裂液 5 倍以上，在国内难以较大规模推广应用。

1. 氯化钾加重压裂液

氯化钾加重压裂液虽然加重能力较低，最高密度只有 $1.15g/cm^3$，但仍然是目前使用最普遍的加重压裂液体系，技术相对比较成熟，耐温最高 160℃，破胶彻底，破胶液黏度小于 $5mPa \cdot s$，滤失小，其综合成本在 2000 元/m^3 以内。

1）氯化钾加重压裂液主要添加剂

氯化钾加重压裂液采用的稠化剂为羟丙基瓜尔胶，其水溶性好、抗盐能力强，是目前使用最广泛的改性瓜尔胶，具有稳定的性能和良好的耐温耐剪切能力。

交联剂可以采用有机硼交联剂，作为深井压裂液使用，交联具有较好的延迟交联性能，交联时间在 2~5min 之间，在施工过程中可适当降低施工摩阻。

破胶剂采用常规的过硫酸铵破胶剂，具有较好的破胶性能。其他添加剂根据需要添加，例如助排剂、黏土稳定剂、防水锁剂等，保证压裂液的基本性能。

2）氯化钾加重压裂液的主要性能

压裂液的基液黏度是加重压裂液的一项重要指标，氯化钾与瓜尔胶压裂液配伍性好，黏度未发生较大变化，为满足耐温要求，库车山前常用瓜尔胶浓度为 0.35%~0.5%，黏度在 45~90mPa·s 之间，有利于施工的顺利进行。

氯化钾加重压裂液最高耐温能力可达 160℃，在 $170s^{-1}$ 剪切条件下剪切 2h 后，黏度大于 100 $mPa \cdot s$。深层高温储层通常物性较差，储层致密，加重压裂液须破胶彻底，快速返排，降低对储层的伤害。表 2-4-1 给出了氯化钾加重压裂液在不同破胶剂加量、不同时间条件下破胶性能，破胶后黏度小于 $5mPa \cdot s$。同时，氯化钾加重压裂液具有良好的滤失性能，滤失低，高温下压裂液效率高，见表 2-4-2。

表 2-4-1　氯化钾加重压裂液的破胶性能

过硫酸铵破胶剂用量/	不同时间，破胶液黏度/（mPa·s）			
%	1h	2h	4h	6h
0.01	冻胶	冻胶	冻胶	冻胶
0.02	冻胶	冻胶	冻胶	变稀
0.04	冻胶	冻胶	变稀	变稀
0.06	变稀	变稀	变稀	变稀
0.08	变稀	4.76	—	—
0.1	变稀	3.73	—	—

表 2-4-2　氯化钾加重压裂液的滤失性能

性能参数	数据
温度/℃	140
滤失系数 C_3/（$m/min^{0.5}$）	1.07×10^{-3}
静态初滤失量 Q_{sp}/（m^3/m^2）	8.03×10^{-4}
滤失速率 v/（m/min）	1.79×10^{-4}

2. 硝酸钠加重压裂液

硝酸钠加重压裂液的加重密度可达 $1.32g/cm^3$，耐温最高 170℃，破胶彻底，破胶液黏度小于 10mPa·s，滤失小，密度比氯化钾加重压裂液有大幅提高，其成本大约在 3000 元/m^3。

1）硝酸钠加重压裂液主要添加剂

硝酸钠属于一价金属盐，属强酸盐，极易溶于水，溶解后呈中性，是一种比较有效的加重材料，且成本较低，与瓜尔胶压裂液及地层流体配伍性较好。

硝酸钠加重压裂液采用的稠化剂为羟丙基瓜尔胶或羧甲基瓜尔胶，其水溶性好、抗盐能力强、适应性广，因此可以作为硝酸钠加重压裂液稠化剂使用，其使用浓度在 0.4%~0.5% 之间，浓度太低，耐温性能达不到超深高温储层的需求，浓度太高，基液黏度太大，现场使用受限。

交联剂可以采用有机硼交联剂或者有机锆交联剂，作为深井压裂液使用，要求具有较好的延迟交联性能，交联时间在 2~5min 之间，在施工过程中可适当降低施工摩阻。

破胶剂采用常规的过硫酸铵破胶剂，具有较好的破胶性能，能够确保该压裂液在 4h 内彻底破胶，且不返胶，破胶后黏度低于 10mPa·s。其他添加剂根据需要添加，例如助排剂、黏土稳定剂和防水锁剂等，保证压裂液的基本性能。

2）硝酸钠加重压裂液的主要性能

压裂液基液黏度是一项非常重要的参数，特别是加重压裂液，因为加重盐的加入对压裂液黏度影响较大，需控制在100mPa·s以内。

硝酸钠加重压裂液最高耐温能力可达170℃，在170s^{-1}剪切条件下剪切2h后，黏度为150mPa·s左右，具体如图2-4-1所示。硝酸钠加重压裂液由于加入大量盐，需要加入足够的破胶剂才能破胶，考虑到过硫酸铵对交联的影响，引入胶囊破胶剂，后期采用过硫酸铵与胶囊组合技术，破胶性能见表2-4-3。同时，硝酸钠加重压裂液具有良好的滤失性能，滤失低，高温下压裂液效率高，见表2-4-4。

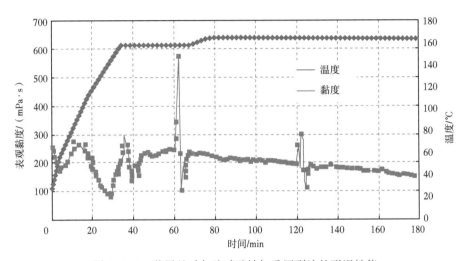

图2-4-1 羧甲基瓜尔胶硝酸钠加重压裂液的耐温性能

表2-4-3 羧甲基瓜尔胶硝酸钠加重压裂液的破胶性能

温度/	破胶剂加量/	不同破胶时间破胶液黏度/（mPa·s）					
℃	%	0.5h	1h	2h	4h	6h	8h
90	0.02	冻胶	冻胶	冻胶	冻胶	冻胶	冻胶
	0.03	稀胶	稀胶	稀胶	8.17	7.72	7.52
	0.04	4.23	—	—	—	—	—
160	0.02	—	—	—	—	—	冻胶
	0.03	—	—	—	11.22	—	5.43

表2-4-4 羧甲基瓜尔胶硝酸钠加重压裂液的滤失性能

性能参数	数据
温度/℃	140
滤失系数 C_3/（m/min$^{0.5}$）	6.53×10^{-4}
静态初滤失量 Q_{sp}/（m³/m²）	6.19×10^{-3}
滤失速率 v/（m/min）	1.09×10^{-4}

3. 氯化钙加重压裂液

氯化钙属于二价金属离子盐，对稠化剂的溶解会产生一定的影响，配液方式上与氯化钾和硝酸钠加重压裂液略有不同，同时由于氯化钙溶解放热太多，实际现场采用二水氯化钙加重。

1）氯化钙加重压裂液耐温耐剪切性能

压裂液耐温耐剪切性能是压裂液的重要性能指标，直接影响压裂液的造缝和携砂性能。根据 SY/T 5107—2016《水基压裂液性能试验方法》标准，使用旋转流变仪，评价压裂液配方体系的流变性能（图2-4-2），经过一定时间剪切后，黏度均在 100mPa·s 以上。其中，图2-4-2（a）（b）（c）分别是150℃、160℃和170℃的配方的耐温耐剪切曲线，图2-4-2（d）为基液低温冷冻后再交联的耐温耐剪切性能曲线，可见该压裂液配方具有良好的流变性能，并且经过冬季的室外低温之后，仍然具有良好的交联及耐温性能，因此能够满足压裂施工工艺性能要求。

2）氯化钙加重压裂液破胶性能及残渣测定

在满足压裂液携砂性能的前提下，施工时加入适量破胶剂，使破胶时间缩短，破胶更彻底，有利于破胶液的快速返排，减少对储层的伤害。氯化钙加重压裂液破胶剂加量为 0.08%~0.2%，破胶后的黏度低于 10mPa·s。破胶剂加量及具体破胶时间见表2-4-5和表2-4-6。

表 2-4-5　氯化钙加重压裂液 70℃ 温度条件下的破胶情况

温度/℃	破胶剂加量/%	不同时间破胶液黏度/(mPa·s)		
		1h	6h	22h
70	0.08	冻胶	冻胶	13.73
	0.1	冻胶	冻胶	7.96
	0.2	冻胶	冻胶	3.73
	0.3	冻胶	10.53	3.39

表 2-4-6　氯化钙加重压裂液 90℃ 下的破胶情况

温度/℃	破胶剂加量/%	不同时间破胶液黏度/（mPa·s）		
		4h	8h	14h
90	0.08	冻胶	5.39	2.64
	0.1	11.39	5.23	1.51
	0.15	3.24	2.32	1.74
	0.2	3.03	2.16	1.71

采用150℃加重压裂液体系配方，密度为 1.35g/cm³，先进行破胶实验，利用破胶液进行表面张力、界面张力测试和残渣测试，结果见表2-4-7。由数据可知，

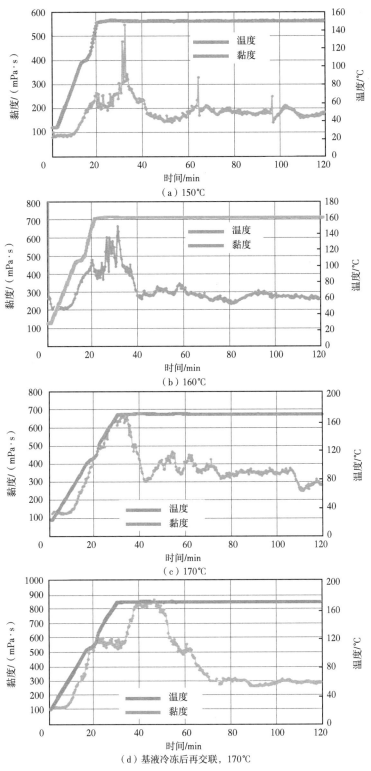

（a）150℃

（b）160℃

（c）170℃

（d）基液冷冻后再交联，170℃

图 2-4-2　氯化钙加重压裂液耐温耐剪切性能曲线

0.3%和0.5%的助排剂加量条件下，表面张力分别为43.08mN/m和32.1mN/m，由于加重压裂液密度为1.35g/cm³，表面张力和界面张力也会相应增加。破胶后的残渣为415mg/L，较常规瓜尔胶压裂液偏高，这是因为加入了大量工业二水氯化钙，其中的杂质应该是构成压裂液残渣的重要来源。

表2-4-7　加重压裂液表面张力和界面张力及残渣数据

助排剂加量/%	表面张力/mN/m	界面张力/mN/m	残渣/mg/L
0	72.75	—	—
0.3	43.08	18.23	415
0.5	32.1	6.59	

3）氯化钙加重压裂液的滤失性能

氯化钙加重压裂液具有良好的滤失性能，滤失低，高温下压裂液效率高，具体见表2-4-8。

表2-4-8　氯化钙加重压裂液滤失性能

温度/℃	90	140
滤失系数 C_3/(m/min$^{0.5}$)	4.27×10^{-4}	7.23×10^{-4}
静态初滤失量 Q_{sp}/(m³/m²)	9.17×10^{-4}	9.14×10^{-4}
滤失速率 v/(m/min)	7.12×10^{-5}	1.12×10^{-4}

4. 加重压裂液减阻测试及存在的问题

室内采用氯化钙加重压裂液基液开展摩阻实验，设备管径1/2in，流量为10L/min时，按照等线速度计算，相当于现场3½in管柱排量4.5m³/min，在该条件下降阻率可达60%，实验结果如图2-4-3所示。

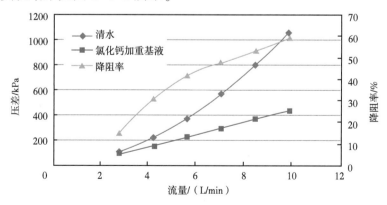

图2-4-3　1.35g/cm³氯化钙加重压裂液室内摩阻测试曲线

对 $1.35g/cm^3$ 氯化钙加重压裂液分别在 G901 和 C-1401 开展现场摩阻测试试验，其中，C901 井管柱长度 7720m（$4\frac{1}{2}$in 5500m、$3\frac{1}{2}$in 2156m、$2\frac{7}{8}$in 64m），相比相对密度 1.0 瓜尔胶压裂液，当排量达到 $3.5m^3/min$ 时，相对密度 1.35 的氯化钙加重压裂液增加的摩阻与增加的液柱压力完全抵消，具体如图 2-4-4 所示。C-1401 井管柱 6320m（$4\frac{1}{2}$in 5200m、$3\frac{1}{2}$in 1030m、$2\frac{7}{8}$in 90m），相比相对密度 1.12 的氯化钾加重压裂液，当排量达到 $5m^3/min$ 时，相对密度 1.35 的氯化钙加重液增加的摩阻与增加的液柱压力完全抵消，具体如图 2-4-5 所示。

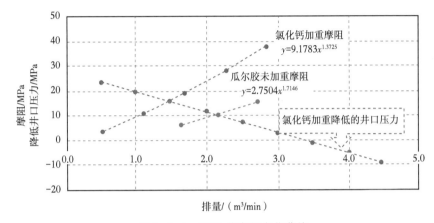

图 2-4-4　C901 井摩阻变化曲线

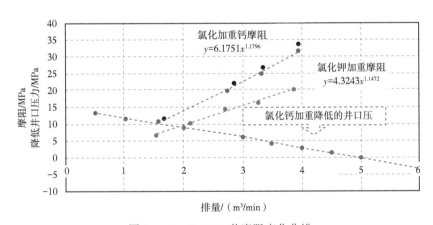

图 2-4-5　C-1401 井摩阻变化曲线

根据 C901 井和 C-1401 井现场试验结果，相对密度 1.35 的氯化钙加重压裂液摩阻较大，在高排量使用没有优势，决定降低氯化钙加重压裂液密度。在室内采用 2in、4500m 的连续油管测量不同密度氯化钙加重压裂液和氯化钾加重压裂液摩阻，发现相对密度 1.2 的氯化钙加重裂液与相对密度 1.15 的氯化钾加重压裂液摩阻相当，当氯化钙加重压裂液相对密度大于 1.2 时，摩阻快速增加，于是决定开展相对密度 1.2 的氯化钙加重压裂液现场试验。

对 1.2g/cm³ 氯化钙加重压裂液在 B10-2 井开展现场试验，该井改造管柱长度 6560m（4½in 4200m、3½in 2250m、2⅞in 110m），相比相对密度 1.0 瓜尔胶压裂液，当排量达到 3.5m³/min，相对密度 1.35 的氯化钙加重液增加的摩阻与增加的液柱压力完全抵消，具体如图 2-4-6 所示。

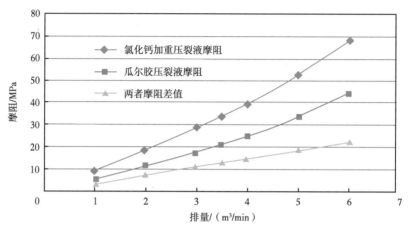

图 2-4-6　B10-2 井摩阻测试曲线

氯化钙加重压裂液虽然具有低成本和高密度优势，但是摩阻较大，在高排量使用没有任何优势。稠化剂具有降阻功能原因是粉剂溶入水中后，形成线性长链分子结构，避免在管路流动中产生过多紊流，降低流动摩阻；加入大量盐后，其中金属离子挤占稠化剂分子空间，阻碍了稠化剂长链分子延展，降低液体降阻能力。

（二）耐高温低伤害压裂液

瓜尔胶压裂液是目前使用最广泛的压裂液，瓜尔胶作为一种半乳甘露聚糖天然高分子，其大分子呈线形结构，具有良好的水溶性、交联性和稳定性，且破胶容易。采用醚化的方法向瓜尔胶大分子引入水溶性基团，可获得多种改性衍生物品种，其中羟丙基瓜尔胶、羧甲基瓜尔胶是目前普遍使用的改性产品。

瓜尔胶作为耐高温稠化剂使用，要达到低伤害的目的，尽量降低其使用浓度，从而降低残渣含量降低对储层的伤害。因此交联技术是低浓度耐高温瓜尔胶压裂液首先要解决的关键技术。其次，添加剂的种类及其作用机理对低浓度瓜尔胶压裂液的性能影响很大，掌握各种添加剂的作用原理，正确选用添加剂，保证每种添加剂之间的配伍性，才能配制出物理化学性能优良的低浓度瓜尔胶压裂液，保证水力压裂施工顺利进行，减少对油气层的伤害，达到既改造好油气层，又保护好油气层的目的。

1. 羧甲基高温压裂液

1）主要添加剂

羧甲基瓜尔胶压裂液关键添加剂之一是稠化剂，良好的稠化剂性能是保证压裂液稠化、交联、破胶及低伤害的关键因素。对瓜尔胶分子进行羧甲基化改性得到羧甲基瓜尔胶的聚糖分子链上随机排列的阴离子基团之间的静电斥力，使卷曲的聚糖分子链刚性化，在溶液中分子链伸直并接近平行排列，因而高分子间临界接触浓度大幅度降低，较少量的羧甲基瓜尔胶就可以形成有效交联，达到耐高温的目的。常用的羧甲基瓜尔胶基础性能见表2-4-9。

表2-4-9　羧甲基瓜尔胶基础性能

项目	结果
外观	无结块的乳白色粉末
细度	100%过120目，95.80%过200目
含水率/%	8.60
水不溶物/%	2.79
表观黏度/(mPa·s)	130.7（0.6%干基水溶液）
pH值	7.5
交联性能	可挑挂

与羧甲基瓜尔胶配套的交联剂，必须能够使聚合物分子之间产生较强的三维空间网络结构，液体的弹性大大增加，通过调节与之配套的交联促进剂可以很容易地控制交联延迟时间，同其他交联剂相比，交联剂的优点是低浓度稠化剂可交联，用量少，交联效率高，交联速度易控制，交联时间2~7min，交联后冻胶的弹性强，耐温耐剪切能力强，适用范围较宽。耐温能力达到180℃。

羧甲基耐高温压裂液除了关键的稠化剂和交联剂外，还包括交联促进剂、温度稳定剂、助排剂、防膨剂、破胶剂等，可根据实际需求进行配方的优化。

2）压裂液性能

压裂液性能是决定压裂施工成败的关键因素之一，是决定压裂液的造缝、携砂、返排、伤害等效果的决定因素。羧甲基高温压裂液主要性能见表2-4-10。

表2-4-10　羧甲基瓜尔胶压裂液性能

基液黏度/ mPa·s	0.45%CMHPG（150℃）	63	滤失性能 （180℃）	滤失系数/(m/min$^{0.5}$)	1.07×10^{-3}
	0.5%CMHPG（160℃）	78		静态初滤失量Q_{sp}/(m³/m²)	8.03×10^{-1}
	0.6%CMHPG（180℃）	96		滤失速率v/(m/min)	1.79×10^{-4}
残渣含量/ mg/L	0.45%CMHPG（150℃）	219	表面张力（180℃配方）/(mN/m)		22.3
			界面张力（180℃配方）/(mN/m)		2.81
	0.6%CMHPG（180℃）	321	破胶液防膨率（180℃）/%		64
耐温性能	150℃，120min，2h，121mPa·s		破胶 性能 （180℃）	0.03%过硫酸铵，8h，4.8mPa·s	
	170℃，120min，2h，83mPa·s			0.05%过硫酸铵，6h，3.6mPa·s	
	180℃，120min，2h，50mPa·s			0.08%过硫酸铵，4h，2.5mPa·s	

2. 羟丙基高温压裂液

1）关键添加剂

羟丙基瓜尔胶根据其溶解性、水不溶物等参数，可分为不同等级，但作为高温压裂液的稠化剂使用，须选择特级羟丙基瓜尔胶才能保证压裂液性能。为达到耐高温的目的，所采用的交联剂为有机硼交联剂，使羟丙基瓜尔胶形成有效交联冻胶，交联时间可控。

羟丙基耐高温压裂液除了关键的稠化剂和交联剂外，还包括调节剂、温度稳定剂、助排剂、防膨剂、破胶剂等，可根据实际需求进行配方的优化。

2）压裂液性能

羟丙基瓜尔胶作为使用最为广泛的压裂液体系，通常只能用于低于150℃以下储层，这是因为羟丙基瓜尔胶自身特性，耐温能力有限。羟丙基高温压裂液主要性能见表2-4-11。

表2-4-11 羟丙基瓜尔胶压裂液性能

基液黏度/ mPa·s	0.3%HPG（120℃）	21	滤失性能 （180℃）	滤失系数/（m/min$^{0.5}$）	1.69×10^{-3}
	0.4%HPG（140℃）	45		静态初滤失量Q_{sp}/（m^3/m^2）	4.07×10^{-1}
	0.5%HPG（150℃）	69		滤失速率v/（m/min）	2.81×10^{-4}
残渣含量/ mg/L	0.5%HPG（150℃）	239	表面张力（150℃）/（mN/m）		20.3
			破胶液防膨率（180℃）/%		69
耐温性能	150℃，120min，2h，145mPa·s		破胶性能 （180℃）	0.03%过硫酸铵，8h，2.3mPa·s	

（三）非交联压裂液

由于库车山前基质为致密砂岩，为了进一步降低压裂液对基质岩心伤害，研发了稠化剂、增效剂、螯合剂，形成非交联压裂液体系，主要作为酸压的前置液，部分加砂压裂液井也用作前置液和携砂液。

结合库车山前储层条件和非交联压裂液特征，重点评价耐温耐切、降阻率、滤失系数、降黏、残渣含量率等性能。

1. 耐温耐切性能

非交联压裂液耐温最高为160℃，配方为：0.66%稠化剂+0.3%离子螯合剂+0.6%增效剂+1%KCl，在160℃、170s^{-1}连续剪切2h后，黏度在30mPa·s以上。流变曲线如图2-4-7所示。

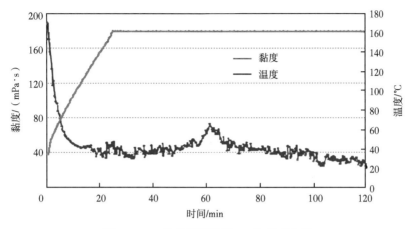

图 2-4-7　非交联压裂液 160℃流变曲线

2. 降阻率测定

采用 8mm 内径管柱测试非交联压裂液的摩阻，降阻率随排量增加而增加，当排量达到 3m³/h 时，降阻率大于 60%，结果见表 2-4-12。

表 2-4-12　非交联压裂液在不同排量下的降阻率

排量/(m³/h)	1	2	3	4	5
降阻率/%	31.99	54.17	60.60	62.21	63.52

3. 滤失系数测定

采用渗透率为 2.757~5.085mD 的人造岩心，在 3.5MPa 下测定非交联压裂液的滤失系数，测量结果为 $3.15 \times 10^{-4} \sim 4.428 \times 10^{-4} m/min^{0.5}$，见表 2-4-13。

表 2-4-13　非交联压裂液在不同排量下的降阻率

人造岩心编号	渗透率/mD	初滤失量/(m³/m²)	滤失系/(m/min⁰·⁵)
1	2.757	0.0611	3.15×10^{-4}
2	5.034	0.0732	4.428×10^{-4}
3	5.085	0.0683	3.83×10^{-4}

4. 降黏性能及残渣测定

利用电热恒温干燥箱（最高 200℃）和不锈钢老化罐，在非交联压裂液配方适用温度下开展降黏性能评价，5h 内破胶性能良好（表 2-4-14），降黏液液清洁透明。然后再测量降黏液的残渣含量，残渣含量小于 15mg/L（表 2-4-15）。

表 2-4-14 非交联压裂液降黏性能测定

样品编号	破胶温度/℃	过硫酸铵用量/%	黏度/(mPa·s)				
			0h	1.0h	2.0h	4.0h	5.0h
1	150	0.06	105	63	42	15	3.2
2	150	0.06	148	96	52	21	6
3	160	0.05	150	87	48	15	3
4	160	0.05	154	90	54	18	6

表 2-4-15 非交联压裂液残渣含量测定

压裂液编号	1	2	3	4
过硫酸铵加量/%	0.06	0.06	0.05	0.05
残渣含量/(mg/L)	9.67	13.75	9.45	14.09

(四) 酸液体系

库车山前的酸液体系基本都用复合土酸,根据不同储层矿物组分适当优化盐酸、氢氟酸、乙酸/甲酸比例,添加 0.3%降阻剂后达到高排量施工要求。2019 年,为了进一步增加酸化作用距离,降低酸盐反应速率,引进自生土酸开展评价研究,已试验 6 井次,取得了较好提产效果。

1. 复合土酸

库车山前复合土酸主体添加剂是盐酸、氢氟酸、乙酸/甲酸,起到溶蚀和刻蚀作用,再配套降阻剂、助排剂、铁离子稳定剂、黏土稳定剂和防水锁剂等添加剂,满足降阻和返排要求,降低甚至防止含铁复合物沉淀、水敏和水锁伤害。库车山前常用复合土酸体系为 8%~15%盐酸+1%~3%氢氟酸+3%乙酸/甲酸+1%助排剂+1%铁离子稳定剂+2%黏土稳定剂+5%防水锁剂(甲醇),复合土酸既有较强的溶蚀能力,又具有一定的缓速性能,库车山前储层岩石溶蚀率一般为 12.4%~33.1%,具体数据见表 2-4-16。由于复合土酸直接与岩石反应可能产生氟硅酸盐和氟铝酸盐等沉淀,复合土酸是用作主体酸在中端注入,前端和后端注入不含氢氟酸的酸液体系,即前置酸和后置酸,前置酸一般是复合土酸去除氢氟酸即可,前置酸溶蚀率一般为 5.0%~19.6%,具体数据见表 2-4-16,后置酸是前置酸与清水按照 1:1 比例混合得到。复合土酸(包括前置酸和后置酸)的降阻率基本与瓜尔胶压裂液相当,满足库车山前 5m³/min 施工排量要求。

表 2-4-16 库车山前储层岩石溶蚀率结果统计 (一)

序号	井号	溶蚀率/%	
		前置酸	复合土酸
1	C17	9.0~13.5	15.2~27.3
2	C3	19.1~19.6	24.4~33.1
3	C9	9.1~13.5	16.1~27.5
4	C10	8.5~8.9	15.4~25.0
5	C12	9.5~10.6	16.9~25.1
6	C9	7.8~8.1	14.5~23.1
7	B1003	5.5~6.5	11.8~17.7
8	B1101	10.6~12.7	21.4~26.3
9	B1102	16.3~17.8	23.7~29.8
10	B134	7.5~8.2	14.5~24.3
11	B19	7.2~8.0	13.2~20.6
12	B241	15.9~18.5	16.6~32.4
13	B242	9.1~10.1	16.3~23.3
14	I201	5.0~5.1	12.4~20.6
15	J101	9.4~10.3	17.7~26.7
16	J8	7.6~10.6	17.0~26.3

2. 自生土酸

自生土酸体系由 A 剂和 B 剂两种单剂按照 1:1 混合后在地层温度条件下才缓慢同时产生盐酸和氢氟酸，该反应为可逆反应，施工过程中一边生成酸、一边酸蚀，从而促进生成酸，在地层深部仍然具有一定的反应活性，能刻蚀沟通地层深部裂缝，具体生酸反应方程式：

$$4NH_4Cl+6HCHO \Longleftrightarrow (CH_2)_6N_4+4HCl+6H_2O \qquad (2-4-1)$$

$$4NH_4F+6HCHO \Longleftrightarrow (CH_2)_6N_4+4HF+6H_2O \qquad (2-4-2)$$

$$HCl+NH_4F \Longrightarrow NH_4Cl +HF \qquad (2-4-3)$$

2019 年，塔里木油田引进自生土酸开展评价研究，评价项目主要包括产酸浓度、缓速率（包括溶蚀率）和配伍性。实验结果表明，自生土酸完全产酸后，盐酸浓度为 10.7%，氢氟酸浓度为 1.4%；在 90℃下，与经过前置酸（9%HCl +3%HAc）处理后的岩粉（D11 井）反应 6~240min 后，自生土酸的溶蚀率为 0~18.6%，而库车山前常用主体土酸的溶蚀率为 8.4%~26.0%，缓速率为 59%（取反应 60min 时的溶蚀率计算），缓速效果较好，具体结果见表 2-4-17；与地层水、滑溜水、瓜尔胶压裂液混合后无絮状物、无沉淀、未分层，即自生土酸与地层水和库车山前常用改造液配伍。

表 2-4-17　库车山前储层岩石溶蚀率结果统计（二）

样品	溶蚀率/%					
	6min	15min	30min	60min	120min	240min
库车山前常用主体土酸	8.4	11.7	15.4	17.5	20.3	26.0
自生土酸	（pH 值=3）	2.0	5.5	7.2	12.4	18.6

注：溶蚀率使用的岩粉经过前置酸（9%HCl+3%HAc）处理，溶蚀率为 22.0%。

自生土酸已经在 B8-2T 井、B24-6 井、B508 井、B8-13 井、B24-6 井和 I104 井共计 6 口井开展现场试验和推广应用，除 I104 井重复改造提产没有效果外，其他 5 井口改造后平均无阻由 $34.3 \times 10^4 m^3$ 上升至 $358.2 \times 10^4 m^3$，提产 10.4 倍。

（五）超级 13Cr 专用缓蚀剂

为了解决常规缓蚀剂不适用超级 13Cr 管材的问题，研发了一种喹啉季铵盐缓蚀剂 TG201，该缓蚀剂是一种以阳极为主的混合型缓蚀剂，缓蚀剂加入后，该电化学体系的腐蚀电位有所变化，但不甚明显，主要抑制腐蚀反应的阳极过程，对腐蚀反应阴极过程也具有一定得抑制效果，具体结果见表 2-4-18。

添加缓蚀剂 TG201 后，鲜酸和残酸中对超级 13Cr 110 管材的腐蚀小，高温下达到缓蚀剂性能指标要求的二级标准以上（参考标准 SY/T 5405—1996《酸化用缓蚀剂性能试验方法及评价指标》），具体结果见表 2-4-19 和表 2-4-20。

表 2-4-18　60℃时超级 13Cr 钢在不同浓度喹啉季铵盐的 20%盐酸溶液中的极化参数

缓蚀剂用量/ %	腐蚀电位/ E_{corr} （vs. SCE）[①]/ mV	塔菲尔阳极曲线的斜率 B_a	塔菲尔阴极曲线的斜率 B_c	腐蚀电流 I_{corr}/ mA/ cm²	缓蚀率 η/ %
0	−346	67	104	0.4790	0
0.3	−324	64	205	0.0537	88.78
0.6	−331	79	165	0.0380	92.06
0.9	−320	94	184	0.0314	93.44

①vs. SCE 表示相对于饱和甘汞参比电极的值。

表 2-4-19　专用缓蚀剂鲜酸的腐蚀性评价结果

酸液配方	温度/℃	试验时间/h	腐蚀速率/[g/(m²·h)]	备注
15%HCl	100	12	1.01	3%浓度
15%HCl+2%HF	100	12	2.07	3%浓度
	100	96	5.75	3%浓度
	120	10	29.3	4%浓度
	140	6	68.6	6%浓度

尽管缓蚀剂 TG201 室内评价结果表明满足酸化施工的要求，但模拟的条件并不能完全代表现场情况，因此在投入使用前需开展现场工况试验。

表 2-4-20 专用缓蚀剂残酸的腐蚀性评价结果

中和液的原酸液	温度/℃	试验时间/h	腐蚀速率/[(g/(m² · h)]	备注
15%HCl 残酸	105	48	0.13	Ca(OH)₂ 碱中和鲜酸
（15% HCl+2%HF）残酸	105	48	0.02	pH 值为 2~3，制得残酸

1. 试验井及试验方案

2007 年 4 月，A2-B1 井完钻，需要对下部白垩系进行测试求产，由于该层段储层物性较差，本气田该层系还未获得过高产，决定对本井进行酸化测试求产。由于该井为迪那气田开发井，储层静温 136.90℃，储层压力 121.28MPa，储层具有代表性，因此决定选该井作为试验井。

通过在酸化管柱的上部与下部分别加入 3 根超级 13Cr 110 管材，酸化完后起出管柱，对超级 13Cr 110 管材进行分析，验证缓蚀剂 TG201 是否真正能起到保护超级 13Cr 110 管材的作用。下部超级 13Cr 110 管材下入深度为 5080~5111m，上部超级 13Cr 110 管材下入深度为 30~60m，施工排量 1m³/min，计算得到鲜酸浸泡超级 13Cr 110 管材时间为 18h16min，鲜酸在管柱中流动时间为 1h30min，残酸浸泡超级 13Cr 110 管材时间为 8h。

2. 试验结果

酸化施工结束后，对下部管材和上部管材进行了力学性能检测、化学组分分析、金相分析，结果表明，专用酸化缓蚀剂可用于超级 13Cr 110 管材的酸化施工，酸化后对管材的力学性能、化学组分、金相成分没有影响，具体结果见表 2-4-21 至表 2-4-24。

表 2-4-21 拉伸试验结果

管材下入深度/ m	拉伸试验结果		
	抗拉强度 R_m/MPa	屈服强度 $R_{t0.5}$/MPa	延伸率 A/%
30~60	872	779	23.0
	881	795	23.0
	887	805	26.0
5080~5111	912	831	20.0
	897	824	20.0
	903	822	21.5

注：拉伸试样规格为 19.1mm×50mm。

表 2-4-22 冲击试验结果

温度/℃	纵向冲击试验结果			
	30~60m		5080~5111m	
	冲击功 A_{kv}/J	断面剪切率 SA/%	冲击功 A_{kv}/J	断面剪切功 SA/%
20	112, 122, 117	100, 100, 100	110, 107, 105	100, 100, 100
0	122, 120, 116	100, 100, 100	110, 105, 101	100, 100, 100
-20	115, 116, 117	100, 100, 100	107, 105, 104	100, 100, 100
-40	116, 117, 108	100, 100, 100	102, 102, 108	100, 100, 100

注：冲击试样规格为 5mm×10mm×55mm。

表 2-4-23 化学分析结果

管材下入深度/m	元素含量/%（质量分数）							
	碳（C）	硅（Si）	锰（Mn）	磷（P）	硫（S）	铬（Cr）	钼（Mo）	镍（Ni）
30~60	0.026	0.18	0.43	0.014	0.0023	12.87	0.99	4.37
5080~5111	0.030	0.23	0.42	0.013	0.0030	12.88	0.92	4.44

表 2-4-24 金相分析结果

管材下入深度/m	组织	晶粒度/级	夹杂物
30~60	回火索氏体	9.0	A0.5, B0.5, D0.5
5080~5111	回火索氏体，试样表面存在多处腐蚀坑	9.5	A0.5, B1.0, D0.5

3. 推广应用

A2-B1 井首次成功试验后，逐渐在迪那推广应用，然后接着在大北、克深、博孜、迪北、中秋等区块全面推广应用，已累计应用 200 余井次，未出现过酸液腐蚀管柱导出现开裂或断落事故发生，对山前的酸化/酸压改造高效提产起到保驾护航作用。为满足超深、超高温井勘探开发中酸化/酸压安全施工，2021 年通过科研攻关，成功研发耐温 180℃、超级 13Cr110 管材缓蚀剂 TG202。

二、暂堵转向材料与实验

为了给缝网酸压/加砂压裂改造技术配套提供材料基础，创新研制了温度降解型系列清洁暂堵转向材料（纤维、粉末、小颗粒、大颗粒、转向球、1~5mm 颗粒及 5~10mm 颗粒等规格），暂堵转向材料在施工过程中能够起到暂堵承压作用，施工结束后在地层温度条件下彻底降解，不影响产量。层间转向暂堵剂主要进入井筒的炮眼，部分进入裂缝缝口端产生堆积桥堵并憋压，当压力达到一定值后，便压开新的储层，扩大纵向上改造范围；缝内转向暂堵剂主要进入主裂缝深部，并在一定位置发生桥堵憋压，当压力达到一定值后，便激活与主裂缝成一定角度相交的次级天然裂缝，迫使其张开或者发生剪切滑移，从而更大范围沟通天然裂缝系统，提高有效渗流面积。

（一）高温暂堵剂材料及效果

针对库车山前克深区块，储层温度高，配套了高温暂堵剂系列，主要规格包括8mm 纤维球、6mm 纤维球、3mm 纤维球、1mm 纤维球、纤维粉末及纤维丝，如图 2-4-8 所示。

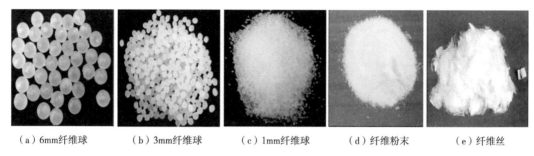

| （a）6mm纤维球 | （b）3mm纤维球 | （c）1mm纤维球 | （d）纤维粉末 | （e）纤维丝 |

图 2-4-8　清洁暂堵转向材料

高温暂堵剂能够适用于不同工作液体系和不同流体的储层，高温暂堵剂在 140℃条件下 8h 彻底降解，120℃条件下 22h 彻底降解，如图 2-4-9 所示。

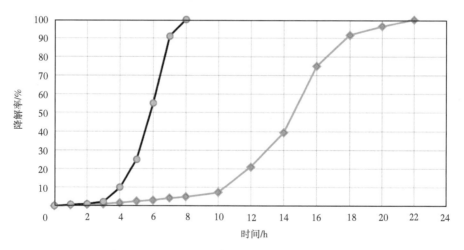

图 2-4-9　120/140℃条件下高温暂堵剂降解曲线

室内采用 Corelab 公司的酸蚀裂缝导流能力测试系统开展不同暂堵剂组合暂堵承压评价实验（图 2-4-10），室内实验表明，不同纤维 +1～4mm 小球组合暂堵剂均能够有效暂堵楔形裂缝，承压可达 15MPa，如图 2-4-11 所示。

在基于室内实验数据的基础上，现场分别探索了 3mm 纤维球 + 纤维颗粒、6mm+3mm 纤维球 + 纤维颗粒、6mm+3mm+1mm 纤维球、6mm 纤维球等 4 种层间转向组合

图 2-4-10　暂堵实验装置实物图

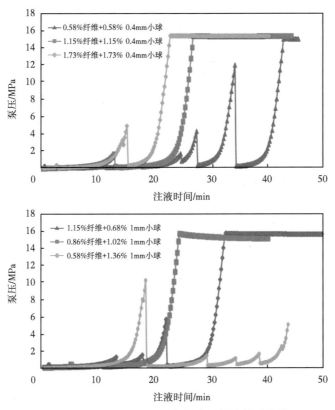

图 2-4-11　不同粒径组合暂堵剂封堵效果曲线

方式；纤维颗粒、1mm 纤维球、1mm 纤维球+纤维颗粒、1mm 纤维球+纤维丝等 4 种缝内转向组合方式，从现场效果统计表可知，层间暂堵采用"6mm+3mm+1mm 纤维球"组合最优，缝内暂堵采用"1mm 纤维球+纤维"组合最优，具体结果见表 2-4-25。

表 2-4-25 高温暂堵剂组合纵向转层和缝内转向效果

转向方式	暂堵剂组合	层次	平均压力升高/MPa
纵向转层	3mm 纤维球+纤维颗粒	11	2.26
	6mm+3mm 纤维球+纤维颗粒	10	6.50
	6mm+3mm+1mm 纤维球	3	9.07
	6mm 纤维球	2	2.15
缝内转向	纤维颗粒	5	无明显压力变化
	1mm 纤维球	2	1.45
	1mm 纤维球+纤维颗粒	4	1.92
	1mm 纤维球+纤维丝	1	10.4

（二）中低温暂堵材料及效果

前期克深区块高温暂堵剂暂堵效果明显，但随着大北区块和博孜区块的开发，大北区块及博孜区块温度相比克深较低，采用高温暂堵剂存在降解时间长，如果关井时间短则存在降解不彻底堵塞地面油嘴的问题，因此，配套研发了中低温系列的暂堵材料。

前期采用 6mm+3mm+1mm 球形暂堵颗粒，受沉积学启发，砂岩分选性越好，圆度越高，渗透性越好；逆向思考，采用不规则块状颗粒架桥，增大颗粒间接触面积，降低渗透性。根据炮眼大小（8mm），考虑颗粒在高压下变形的特征，增大粒径范围到 10mm，通过实验，优选出中低温 1~5mm+5~10mm 颗粒组合，进一步降低空间，建立更好的低渗透带，如图 2-4-12 所示。

室内降解实验表明，低温暂堵剂在 80℃ 条件下，4h 彻底降解（图 2-4-13）；中温暂堵剂在 110℃ 条件下，4h 彻底降解（图 2-4-14）。

（a）纤维　　　　　　（b）1~5mm颗粒　　　　　　（c）5~10mm颗粒

图 2-4-12 中低温暂堵材料

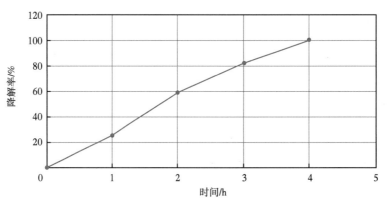

图 2-4-13　80℃条件低温暂堵剂降解曲线

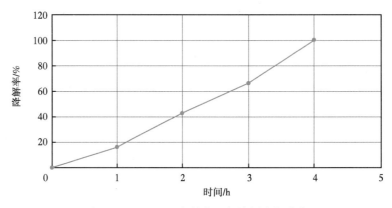

图 2-4-14　110℃条件中温暂堵剂降解曲线

室内采用多功能岩心流动模拟系统开展中低温暂堵剂承压实验，该实验需要预先将 1~5mm 和 5~10mm 暂堵剂制备成 1cm 厚暂堵剂滤饼，然后将 1cm 厚滤饼放在人造岩心前段模拟井下暂堵情况，实验表明中低温暂堵剂承压高 30MPa，如图 2-4-15 所示。

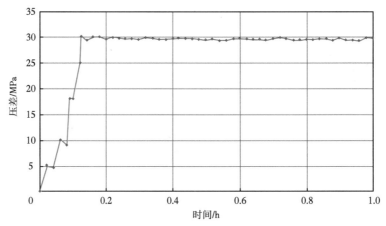

图 2-4-15　中低温暂堵剂承压实验曲线

中低温暂堵剂 1~5mm 颗粒、5~10mm 颗粒组合在博孜区块和大北区块现场试验 15 井次，暂堵效果明显，平均暂堵增压 12.92MPa，见表 2-4-26。

表 2-4-26 中低温暂堵剂暂堵转向效果

序号	井号	改造工艺	改造井段/m	射孔厚度	中低温暂堵剂 1~5mm+5~10mm	暂堵增压/MPa
1	C-12	暂堵酸压	5412.00~5525.00	63m/5 段	200kg+125kg	12.8
2	C-1201	暂堵酸压	5524.00~5620.00	51m/5 段	240kg+120kg	5.2
3	C-17	暂堵加砂压裂	6112.00~6197.50	37.5m/6 段	200kg+125kg	13
4	C9	暂堵加砂压裂	7677.00~7760.50	68.5m/5 段	180kg+90kg	11.3
5	C22	暂堵加砂压裂	6267.00~6336.00	51m/4 段	314kg+156kg	8
6	C-304	暂堵加砂压裂	6873.00~6991.00	52m/13 段	192kg+96kg	6.2
7	C13	暂堵酸压	7177.00~7259.50	26.5m/2 段	168kg+84kg	20.5
8	C104-1	暂堵加砂压裂	6749.00~6855.00	51.5m/10 段	70kg+60kg	12.8
9	C-1202	暂堵加砂压裂	5444.00~5665.00	81m/16 段	75kg+75kg	10.4
10	C15	暂堵加砂压裂	4645.00~4680.00	35m/1 段	64kg+64kg	13.4
11	C-902	暂堵加砂压裂	5080.50~5223.00	69m/8 段	84kg+141kg	12.3
12	C11	暂堵加砂压裂	7408.00~7468.00	33m/2 段	80kg+160kg	22.5
13	C1501	暂堵加砂压裂	4838.00~4885.00	47m/1 段	64kg+40kg	18.4
14	C-12-9	暂堵加砂压裂	5491.50~5580.50	50m/10 段	80kg+80kg	15
15	C-1701X	暂堵加砂压裂	6596.00~6798.50	74.5m/12 段	50/45kg+35/50kg	12

第三章 超深缝洞型碳酸盐岩多元化改造技术

塔里木盆地碳酸盐岩储层地质条件复杂，埋藏深（5000~8008m）、温度高（130~185℃）、基质低孔低渗（孔隙度<3%，渗透率<0.1mD）、流体性质复杂（高含硫化氢、天然气中普遍含二氧化碳）、缝洞展布规律性差，单井能否自然投产取决于井眼与缝洞体的连通性，这样复杂的储层条件给储层改造带来了巨大挑战，面临的主要难题有：（1）井眼与缝洞体关系复杂多样，单一改造工艺难以满足精准沟通要求；（2）超深高温环境对压裂液和酸液性能要求高，酸液缓速难，深度改造难度大，酸蚀裂缝长度有限；（3）储层闭合应力高，酸蚀裂缝导流能力保持难。为此，从储层评估方法、改造工艺、改造工作液体系等方面进行系统攻关，形成了超深缝洞型碳酸盐岩多元化改造技术，提升了酸压改造提产效果。

第一节 缝洞型碳酸盐岩压前评估与储层改造思路

缝洞型储层高效改造的前提是储层的精细评估，明确井筒与缝洞体的空间位置关系，确定针对性储层改造思路，进而配套针对性改造工艺。本节阐述了通过多手段评估井筒与缝洞体空间位置关系的方法，基于评估认识提出了针对性储层改造方案。

一、压前评估

（1）垂直地震剖面测井驱动地震资料解释，准确归位缝洞体。钻进目的层前进行垂向地震剖面 VSP 测井，驱动原地震资料处理，准确归位缝洞体，明确井周缝洞体的空间展布，指导钻井靶点、轨迹调整以及后期酸压设计。例如 YM2-13-1X 井，未经垂直地震剖面资料校对的地震资料显示，井底已钻至缝洞体中心，但钻井未发生放空漏失。但是经过垂直地震剖面校对后的地震资料表明，井眼钻遇储层边缘，因主应力方位与缝洞体展布一致，后通过小型酸压沟通了优质储层（图3-1-1）。

（2）地层测试，掌握缝洞体的连通程度。缝洞型碳酸盐岩储层地质模型复杂，地层测试少，但地层测试资料更能反映井周一定范围内的储层能量及连通程度。大量井资料表明，试井解释结果与单井生产效果关联度高。所以，可以根据试井分析加强井固缝洞体的认识。

— 128 —

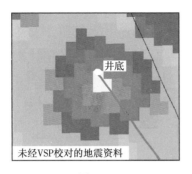
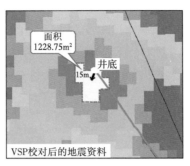

图 3-1-1 YM2-13-1X 井周局部属性平面图

（3）井筒与地震数据标定，掌握钻遇缝洞体状态。将测井成果（储层级别、储层类型、含油气层段、含水段、裂缝孔洞成像等）、钻井显示（油气显示段、放空漏失层段等）与地震剖面进行标定，明确井眼钻遇缝洞体的位置、钻遇缝洞体的形态、井眼与缝洞体的关系。例如 HA601-X 井，钻遇串珠中心，一间房组钻遇洞顶缝 5.8m，钻遇塌陷型溶洞 30m，鹰山组钻遇洞顶缝 34m，洞顶缝下部推测为缝洞体（图 3-1-2）。

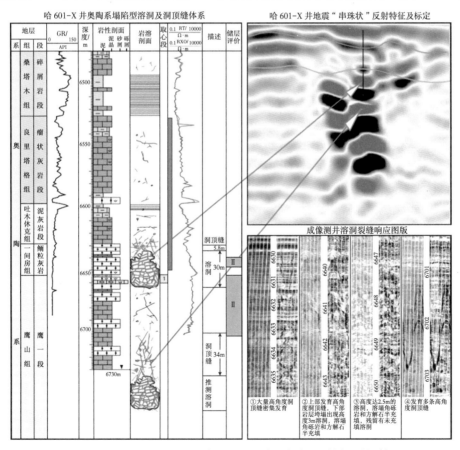

图 3-1-2 HA601-X 井筒资料与地震资料标定识别刻画缝洞体

（4）地质力学评价，明确最大水平主应力方位，刻画井—缝—洞展布关系。地质力学解释最大水平主应力方位，分析最大水平井主应力方位、天然裂缝走向、缝洞体地震属性图展布三者关系，若三者之间的关系不利于沟通缝洞主体，则需要考虑暂堵转向提高酸压裂缝复杂性，增大沟通概率。综合天然裂缝产状及受力关系，模拟分析不同裂缝的激活压力，优化酸压施工井底压力，确保酸压过程中，井底压力达到天然裂缝的激活要求（图3-1-3）。

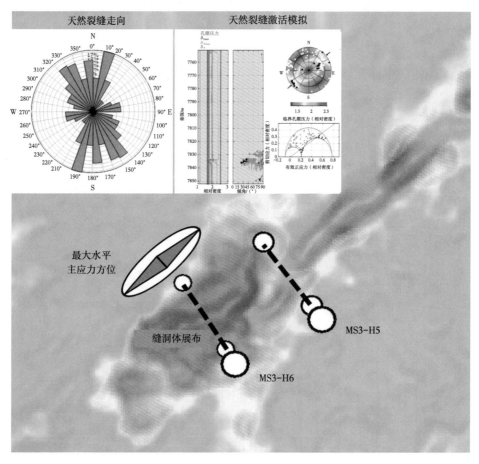

图 3-1-3　MS3-HX 井井筒—天然裂缝—缝洞体展布关系图

二、储层改造思路

根据单井钻遇模式，将单井分为以下4种类型，具体阐述如下：

（1）钻遇洞顶缝，钻井发生一定的放空漏失，录井见良好油气显示，测井解释井筒附近溶蚀孔洞发育，多为Ⅰ类和Ⅱ类储层，测试自然产能一般较高的井（图3-1-4）。此类储层也最易受到伤害，往往因为井漏存在较高的表皮或者由于漏失提前完钻，井底未钻遇缝洞主体，可利用酸液的强反应能力和向下穿透能力，解除伤害，疏通井底裂缝系统，提高井筒—储集体连通程度。

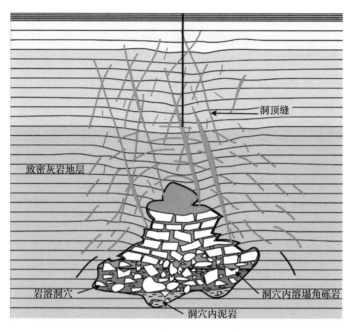

图 3-1-4　钻遇洞顶缝示意图

（2）钻遇强反射区（缝洞体）内，钻井无放空漏失，录井显示较好，测井解释为Ⅱ类和Ⅲ类储层，最大水平主应力方位与串珠展布方位、天然裂缝发育方位匹配性好的井（图 3-1-5），需要采用酸压改造连通井周缝洞储集体，要求压裂液体系具

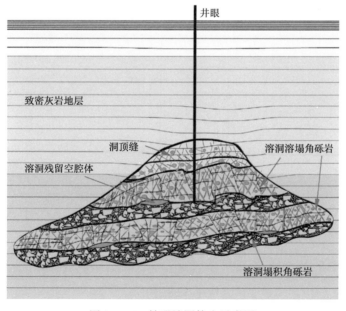

图 3-1-5　钻遇缝洞体内示意图

有较强的造缝能力，酸液体系具有一定的缓速性能。

（3）未钻遇强反射区（缝洞体），钻井无放空漏失，录井油气显示差，最大水平主应力方位与串珠展布方位、天然裂缝发育方位匹配性差的井（图 3-1-6），需采用暂堵转向酸压工艺，强制水力裂缝转向沟通井周缝洞体，要求压裂液体系具有较强的造缝能力，酸液体系具有良好的缓速性能，暂堵转向材料具有一定的承压能力。

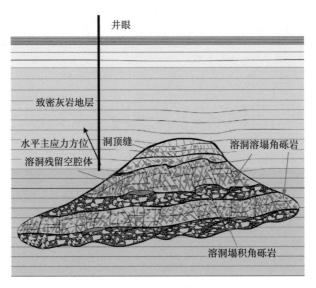

图 3-1-6　钻遇缝洞体外示意图

（4）钻遇发育底水缝洞体的顶部或者上返改井（图 3-1-7），需采用人工控缝高和天然控缝高技术，避免水力裂缝在纵向上的过度扩展，沟通下部水体或者已无潜

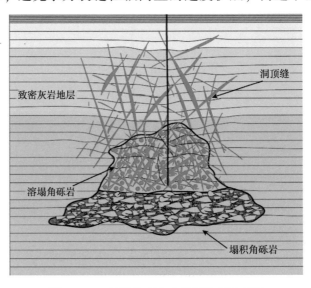

图 3-1-7　钻遇发育底水缝洞体顶示意图

力的缝洞体。

（5）钻遇多个缝洞体的水平井（图3-1-8），需要通过分段酸压工艺，根据不同井段井筒与缝洞体的空间位置关系，进行差异化改造，沟通多个缝洞体，动用不同缝洞体产能。

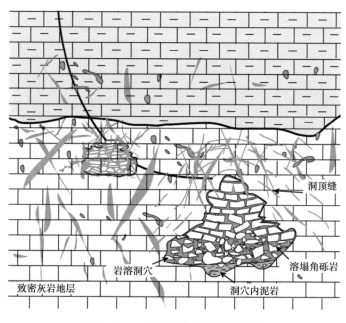

图3-1-8　钻遇多个缝洞体示意图

第二节　缝洞导向的酸压设计技术

塔里木油田缝洞型碳酸盐岩缝洞尺度大，既是储油气空间，又是渗流通道。酸压改造的目标是压开基质沟通井周缝洞体，这一点有别于常规较均质储层。本小节以水平井为例，阐述缝洞导向的分段酸压设计技术。直井相当于水平井中单独的某一段，设计方法通用。

一、水平井分段设计步骤

碳酸盐岩储层非均质性强，使得常规的基于油藏数值模拟优化的分段方法不再适用。基于储层特征与水平井改造特点，形成了一套适合于强非均质缝洞型碳酸盐岩储层的水平井分段酸压设计技术，其主要步骤如下：

根据三维地震资料对有利储层的预测结果，初步确定水平井分段方案。碳酸盐岩有利储层可通过三维地震资料进行预测，即在剖面上表现为"串珠"、杂乱等反射特征，在均方根振幅平面图上也有明显特征。因此，根据井眼轨迹周围缝洞体的发育情况，初步确定水平井分段段数及分段方案。图 3-2-1 和图 3-2-2 分别为 tz62-11H 井三维地震平面和剖面储层预测图。从平面上和剖面上结合来看，沿井眼轨迹井眼周围存在六个缝洞体，因此初步确定分 6 段进行改造。

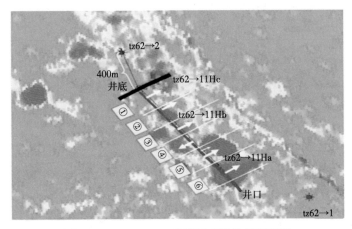

图 3-2-1   tz62-11H 井附近礁滩体储层预测

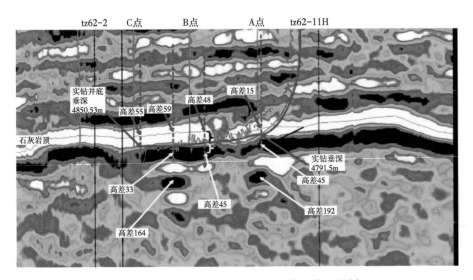

图 3-2-2   过 tz62-2 井—tz62-11H 井连井地震剖面

根据地应力方向，结合井眼轨迹情况最终确定水平井分段方案。水力裂缝起裂方向及延伸由地应力方向决定，且受天然裂缝发育方向等因素影响。因此在根据井周缝洞体发育情况初步确定分段数后，还需要结合地应力、天然裂缝产状等因素确定能否实现沟通井周缝洞体的目标，才能最终确定水平井分段方案。tz62-11H 井最大主应力方向为北东—南西向，结合该井井眼轨迹，该井井眼方位为 320°~330°，该井能够沿井眼形成横切井筒的横向缝，并且有利于各段分别沟通有利储集体，显著增大单井控制储量，提高单井产量。最终确定该井分六段改造。

二、井眼到缝洞体距离确定

通过地震可以识别串珠（缝洞体）轮廓，但是串珠的内部结构无法准确刻画，大量钻井资料表明，一个串珠并非代表一个洞，串珠内部很近也不一定连通。为了提高酸压沟通缝洞体概率，酸压设计过程中按以下方式确定酸压造缝目标。

将井眼轨迹数据叠合到三维地震资料中，根据井眼轨迹在地震剖面和平面上的投影，则可得到井眼距离缝洞体的平面距离和垂向距离。若井眼钻遇串珠（缝洞体）外，沿最大水平主应力方位标定井眼距离串珠中心的距离，以此作为酸压造缝长度，但如果串珠展布偏离最大主应力方位，则需要考虑暂堵转向；若井眼钻遇串珠内部，沿最大水平主应力方位标定井眼距离串珠边界的距离，以此作为酸压造缝长度。在距离确定后即可初步确定形成"高、短缝"还是"矮、长缝"的改造工艺。将 tz62-11H 井井眼轨迹与三维地震资料叠合。在剖面上，位于缝洞体的顶部，距下部有利储集体分别 33~192m 不等。在平面上，距离有利缝洞体 100m 左右，且第二段与井眼轨迹基本重叠。这样结合平面、剖面资料即可确定井眼与有利储集体之间的空间距离。

三、酸压工作液体系优选与参数优化

（一）酸压工作液体系优选

根据储层造缝需求及改造液性能，形成以下储层改造液体优选方案（表3-2-1）。

表 3-2-1 酸压工作液体系优选方案推荐表

方案号	测井特征				地震反射剖面	钻井漏失放空	地层伤害程度	距离储集体距离/m	井筒偏离位置/m	液体类型
	储层类型	储集空间	油气显示	缝洞发育						
1	Ⅰ类/Ⅱ类	溶洞型	油层	裂缝、溶洞发育	串珠/串珠群	大、明显	严重	小或正中	小/无	胶凝酸
2	Ⅰ类、Ⅱ类	裂缝孔洞型、裂缝溶洞型	油层	相对发育	串珠	有	较重	20~40	小/无	低黏压裂液、胶凝酸
3	Ⅱ类、Ⅲ类	裂缝孔洞、孔洞型	油层、差油层	近井裂缝、孔洞不发育	串珠	无	轻/无	40~80	小/无	高黏压裂液、地面交联酸
4	Ⅱ类、Ⅲ类	裂缝孔洞、孔洞型	油层、差油层	近井裂缝、孔洞不发育	串珠	无	轻/无	80~100	小/无	高黏压裂液、地面交联酸+自生酸

（1）直接钻遇缝洞体，录井显示好，测井解释井筒附近有溶洞发育，尤其是大型洞穴发育的Ⅰ类/Ⅱ类储层，钻井放空漏失严重，优选缓速性能相对较弱的胶凝酸体系，疏通近井缝洞系统。

（2）钻井过程中放空漏失不明显，录井显示较好，测井解释为Ⅱ类储层（即孔洞型或裂缝孔洞型），井筒距离缝洞体距离较近（20~40m），推荐采用低黏压裂液和胶凝酸体系组合。

（3）钻井过程中无放空漏失，录井显示差，测井解释为Ⅱ类和Ⅲ类储层。近井裂缝、孔洞不发育，井筒距离缝洞体在80m内，推荐采用高黏压裂液和地面交联酸体系。井筒距离缝洞体距离80m以外，推荐高黏压裂液+地面交联酸+自生酸体系组合。

（二）酸压参数优化

（1）工作液用量与排量优化。根据单井地应力及物性剖面，通过压裂设计模拟酸压裂缝几何形态，调整改造液体及工艺参数，确保酸压动态缝长和酸蚀缝长均达到井筒与缝洞体的距离要求。

（2）压裂液与酸液比例优化。统计表明，压裂液用量与酸液用量的最优范围为1.2~1.6。在具体井储层改造设计过程中，需根据不同的造缝需求，在总规模一定的条件下，模拟不同压裂液/酸液比例对裂缝几何形态的影响，进而优化压裂液用量和酸液用量的比例。

四、酸压沟通缝洞体后注液方式优化

缝洞型油藏渗流瓶颈位置与常规油藏不同。常规油藏缝口处的流量最大［图3-2-3（a）］，该处导流能力对压后产能的影响最大。缝洞型油藏中，酸压裂缝与洞穴连通位置才是主要的供液点，整条裂缝的流量差异不大。但酸蚀导流能力沿缝长方向的衰减却很快，所以渗流瓶颈为裂缝远端［图3-2-3（b）］。缝洞型油藏酸压施工需要应该尽量提高酸压裂缝远端的导流能力。为此，本研究以导流能力沿缝长分布为研究焦点，建立针对性的导流能力计算模型，充分结合储层及酸压施工特征，模拟不同续注方式、续注规模下的导流能力变化，形成了提高裂缝远端导流能力的酸压续注方案。

（一）酸蚀裂缝导流能力模型建立及求解

为了有效模拟研究不同地质工程参数及续注方式下，酸压沟通缝洞前后导流能力大小变化，在恒定缝高基础上，仅考虑沿天然裂缝滤失，忽略基质滤失，且当酸压裂缝遇到溶洞时，网格内的酸液全部滤失。

i时刻的裂缝半长：

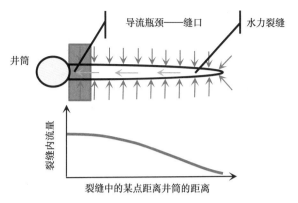

（a）常规油藏供液方式及裂缝导流能力瓶颈

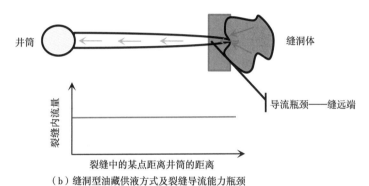

（b）缝洞型油藏供液方式及裂缝导流能力瓶颈

图 3-2-3 均质油藏与缝洞型油藏供液方式分析示意图

$$l_i = l_{i,1} + l_{i,2} + \cdots + l_{i,i} \tag{3-2-1}$$

式中 l_i——i 时刻裂缝半长，m。

每一段液体在裂缝中的长度为

$$l_{i,j} = \frac{V_{i,j}}{W_{i,j}H} \tag{3-2-2}$$

式中 $l_{i,j}$——i 时刻第 j 段液体在裂缝中的长度，m；

$V_{i,j}$——i 时刻第 j 段液体的体积，m^3；

$W_{i,j}$——i 时刻第 j 段液体所处位置的裂缝宽度，m；

H——裂缝高度，m。

各段液体所在位置的缝宽（W_i）为

$$W_i = \frac{3\pi}{4}\left[\frac{2\mu q_i l_i(1 - \nu^2)}{E}\right]^{1/4} \tag{3-2-3}$$

式中　μ——酸液黏度，mPa·s；

　　　q_i——不同时刻的缝口处的排量，m^3/s；

　　　l_i——i 时刻液体在裂缝中的长度，m；

　　　ν——泊松比；

　　　E——杨氏模量，MPa。

各段液体的酸浓度为

$$C_{i,j} = \frac{1000C_{i-1,\,j-1}V_{i-1,\,j-1} - n_{i-1,\,j-1}}{1000V_{i,\,j}} \qquad (3\text{-}2\text{-}4)$$

式中　$C_{i,j}$——i 时刻第 j 段液体的酸浓度，mol/L；

　　　$n_{i,j}$——i 时刻第 j 段裂缝消耗的酸液溶质物质的量，mol。

各段裂缝消耗的酸量为

$$n_{i,j} = 2v(c_{i,j},\ T)l_{i,\,j}H\Delta t \qquad (3\text{-}2\text{-}5)$$

式中　$v(c_{i,j},\ T)$——酸液浓度为 $C_{i,j}$ 温度为 T 时的酸岩反应速度，mol/（m^2·s）；

　　　Δt——时间步长，s。

各段液体在充填蚓孔等酸蚀孔隙之后，残留下来的部分为

$$V_{i+1,\,j+1} = V_{i,j} - \frac{n_{i,\,j}M_{\text{rock}}}{10^6\rho\gamma R} \qquad (3\text{-}2\text{-}6)$$

式中　M_{rock}——碳酸盐分子的摩尔质量，g/mol；

　　　ρ——岩石的密度，g/cm^3；

　　　γ——岩石中碳酸盐分子所占的质量分数，%；

　　　R——碳酸盐分子消耗的氯化氢分子个数。

在得到了总酸蚀缝宽向量后，可以通过 N—K 方程计算酸蚀裂缝导流能力[10]。

（二）酸压沟通缝洞体后的裂缝导流能力分析

假定酸压裂缝遇洞后就停止延伸，若继续注入则模拟计算现有缝长情况下的导流能力变化，注入洞穴的酸液标记为滤失；若停泵则考虑酸液在停泵时刻浓度下继续在酸压裂缝中与岩石壁面发生反应。假设酸压裂缝遇洞后需要 5min 的响应和决策时间，则可以得到遇洞停泵时的酸压裂缝导流能力。

酸压沟通缝洞体后立即停泵，可以波及距井筒 45m 远的缝洞体。沟通后关井 10min，可以波及距井筒 65m 远的缝洞体。如果缝洞体与井筒的距离进一步增加，就需要采用续注—关井的方案，将前面低浓度的段塞挤入远端缝洞体，让后续的高浓度液体继续与瓶颈位置的岩石反应，形成更高的导流能力。因此，缝洞型油藏酸压施工中，可以按照井筒与缝洞体的距离远近，采用停注、关井、续注—关井反应 3

种不同方案。对比沟通后不同注液方式模拟结果发现，酸压裂缝遇洞停泵后的关井时间不宜过长，关井10min一般就可以将酸液浓度降低到残酸浓度（裂缝面容比较大），长时间的关井对于液体返排并无益处。将续注2.5min关井10min的曲线与续注5min的曲线对比发现，关井对于近井溶洞的瓶颈位置导流能力提升更有意义，续注对导流能力的提升远大于关井（图3-2-4），但不同温度储层究竟应续注多久，还应综合高温下的酸液有效作用时间确定。

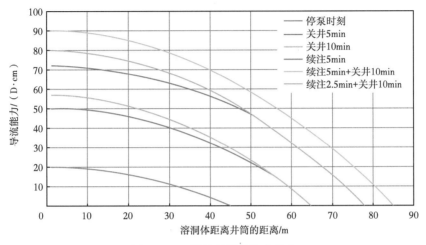

图3-2-4　沿缝长导流能力分布

从投产200天累计产量来看，井筒—缝洞体距离近（一般<45m）的井，小规模酸压沟通，采用"停注"方式增产效果显著；井筒—缝洞体距离中等（45~65m）的井，须采用"停注—关井"方式能有效沟通；井筒—缝洞体距离较远（一般>65m）的井，大规模沟通缝洞体后，须采用"续注—关井"方式，增产效果较好（表3-2-2）。

表3-2-2　沟通后不同注液方式效果对比表

井号	沟通规模/ m^3	缝洞距离/ m	沟通后工艺	续注液量/ m^3	200天产液量/ t	效果
H601-6	50	27	停注	0	20788	高产
L1-6	30	28.6	停注	0	9654	中等
H9C2	250	46.7	停注	0	1754	低产
H-24-3	265	58.5	停注—关井2h	0	5273	中等
K101	135	55.9	续注	131	4022	中等
H16-11	200	67.6	续注	100	8653	高产
H901-2	448	97.3	续注	85	10799	高产
H11-3	450	108.5	续注	110	6584	高产
F1101	220	109.3	续注	274	6473	高产

井号	沟通规模/m³	缝洞距离/m	沟通后工艺	续注液量/m³	200d 产液量/t	效果
M404	430	89.4	续注	115	13580	高产
G5-2	310	79.8	续注	110	4071	中等
G1-2	300	77.5	续注	200	7964	高产
E7006	370	128.8	续注	220	6041	高产

第三节　多元化改造工艺

根据储层钻遇模式，采用针对性的改造工艺，即针对钻遇洞顶缝储层，采用垂向酸压（化）工艺；针对钻遇强反射区地应力匹配的储层，采用深度酸压工艺；针对钻遇强反射区但地应力不匹配的储层，采用转向酸压工艺；针对钻遇多套缝洞系统的储层，采用水平井分段酸压工艺。

一、垂向酸压（化）工艺

钻遇洞顶缝，表现为钻井漏失量大，测录井显示好，油气显示活跃，采用酸压（化）解堵疏通工艺。改造的目的主要有两方面：一是解除钻井液漏失导致储层伤害；二是进一步完善井筒—储集体之间的连通程度。

二、深度酸压工艺

钻遇强反射区地应力匹配的储层，采用深度酸压工艺。工艺类型主要有前置液酸压、多级注入酸压+闭合酸化和高黏酸酸压工艺，深度酸压与常规酸压工艺相比具有穿透距离远，酸蚀裂缝导流能力高的特点，对比示意如图 3-3-1 所示。下面主要

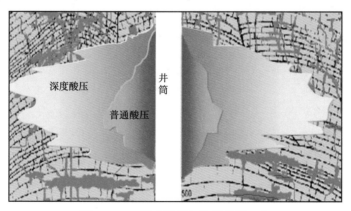

图 3-3-1　深度酸压与常规酸压工艺

介绍前置液酸压、多级注入酸压+闭合酸化和配套工艺。

（一）前置液酸压工艺

前置液酸压工艺首先采用高黏非反应性前置压裂液压开储层形成一条裂缝，然后高压注入酸液刻蚀裂缝表面，形成非均匀刻蚀来增大裂缝的导流能力。利用前置液的降温、降滤和造宽缝等作用，大大降低酸岩反应速率，同时由于两种液体的黏度差产生黏性指进，增加酸液有效作用距离和酸蚀裂缝导流能力。该工艺的优点是能显著增大酸液穿透距离，缺点是前置液造缝是一次性的，遇到高滤失地层滤失量大，在储层中形成的裂缝短。

（二）多级注入酸压+闭合酸化工艺

即先采用前置液造缝，再交替注入酸液和前置液段塞。随后在裂缝闭合的情况下注入一定浓度的盐酸溶蚀裂缝壁面，形成高导流能力的流动通道，从而达到增产目的。其优点有：一是可有效地降低酸液滤失；二是因黏度差异造成的黏性指进可在裂缝壁面形成不均匀的刻蚀形态，从而增加裂缝的导流能力；三是前置液与酸液的大量泵入，可有效降低井筒及地层温度，从而降低酸岩反应速率；四是采用闭合酸化工艺，裂缝闭合后，酸液的流动遵循最小阻力原理，因此将继续刻蚀加深先前形成的沟槽，同时由于地层的非均质性，所以裂缝壁面的不均匀不规则进一步加深，进一步增加裂缝的导流能力。

（三）大油管浅下完井工艺

碳酸盐岩储层埋藏深（6500~8000m），为保障深度酸压工艺的改造深度和范围，满足深度酸压大排量的需求，配套了大油管浅下完井工艺。随着油管柱长度的增加，油管的摩阻也会增大。塔里木油田常用的 $3\frac{1}{2}$in 油管有 6.45mm、7.34mm 和 9.52mm 三种壁厚，$4\frac{1}{2}$in 油管有 8.56mm、9.65mm 和 12.7mm 三种壁厚，不同油管不同排量下的千米摩阻如图 3-3-2 所示。

台盆区常用的 ϕ88.9mm×7.34mm+ϕ88.9mm×6.45mm 油管组合最大下深为 6400m 左右，ϕ88.9mm×9.52mm+ϕ88.9mm×7.34mm+ϕ88.9mm×6.45mm 油管组合最大下深为 7700m 左右。全井 $3\frac{1}{2}$in 油管，相同泵压情况下，下深 7000m 排量为 5.5m³/min，优化至 6000m 后，排量可提升至 6.1m³/min，排量提升如图 3-3-3 所示。

此外，全井 $3\frac{1}{2}$in 油管，下深 7500m，排量为 5.5m³/min，优化至全井 $4\frac{1}{2}$in+$3\frac{1}{2}$in组合管柱，下深 7500m，排量提升至 7.7m³/min，具体如图 3-3-4 所示。

通过上述分析计算可以看出，通过减少油管长度或增大油管尺寸，可以提高改造施工排量。因此，对于台盆区碳酸盐岩微漏或不漏的井，采用大油管浅下工艺，满足大排量的改造需求。不同管柱组合下排量对比见表 3-3-1。

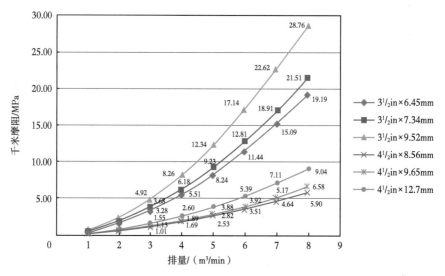

图 3-3-2 不同油管不同排量下的千米摩阻变化情况

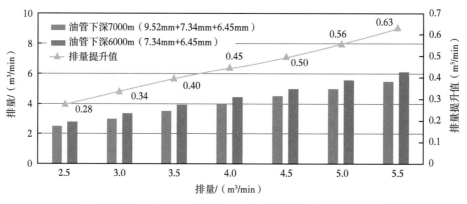

图 3-3-3 油管下深 7000m 优化至 6000m 后排量提升情况

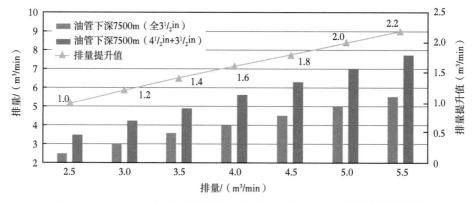

图 3-3-4 全井 $3\frac{1}{2}$in 油管优化至全井 $4\frac{1}{2}$in+$3\frac{1}{2}$in 组合后排量提升情况

表 3-3-1　不同管柱组合下排量对比

下深优化/m	尺寸优化/in	裂缝延伸梯度/（MPa/m）	最优排量/（m³/min）
7500	$3\frac{1}{2}$	0.018	5
		0.015	6
		0.012	7
6500	$4\frac{1}{2}+3\frac{1}{2}$	0.018	7
		0.015	8
		0.012	9
5500	$4\frac{1}{2}$	0.018	9.5
		0.015	10.5
		0.012	11.5

三、转向酸压工艺

针对钻遇强反射区且地应力不匹配的储层，采用强制裂缝转向的转向酸压工艺。转向酸压工艺指的是使人工裂缝的延伸偏离原来的延伸方向，其基本原理就是采用某种材料强行阻挡裂缝的初始延伸方向转向到次级延伸方向上，裂缝转向的示意图如图 3-3-5 所示。塔里木油田的转向工艺主要有转向酸酸压工艺和暂堵转向酸压工艺。

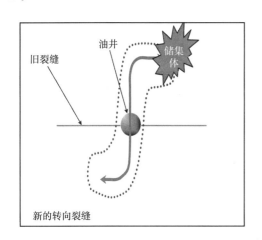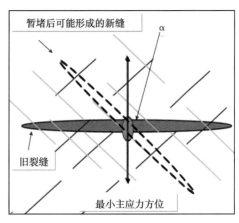

图 3-3-5　裂缝转向示意图

（一）清洁自转向酸酸压工艺

主要是通过清洁自转向酸来实现转向。清洁自转向酸是由特殊黏弹性表面活性剂，利用酸岩反应产物的物理化学作用达到控制酸液体系黏度的目的，通过反应控制、缔合增黏、就地自转向和清洁保护 4 个关键机制实现高温碳酸盐岩储层的高效改造与清洁改造。

（二）暂堵转向酸压工艺

碳酸盐岩储层非均质性强，人工裂缝受天然裂缝及应力条件控制，当人工裂缝与储集体方位不匹配或长井段改造储层物性存在差异时，借助暂堵剂的封堵让人工裂缝延伸方向偏离或改变改造层位，提高人工裂缝沟通缝洞储集体的概率。

1. 纤维暂堵酸压工艺

通过可降解纤维暂堵转向材料实现裂缝转向，其酸压工艺是先进行第一级酸压施工，液体自然选择进入高渗储层，完成第一级酸压施工，泵注纤维转向液，封堵上级裂缝缝口，后进入下一级的酸压施工，如此，可实现多次的暂堵转向，增加多方位沟通储层的概率。施工完成后纤维转向剂降解随返排液返排，不伤害储层。

2. 不规则颗粒暂堵酸压工艺

针对纤维暂堵封堵效果不理想和部分井高温纤维降解不彻底问题，受沉积学启发，逆向思考，形成了1~5mm和5~10mm的不规则颗粒暂堵剂（图3-3-6），其工艺模式与纤维暂堵相一致。

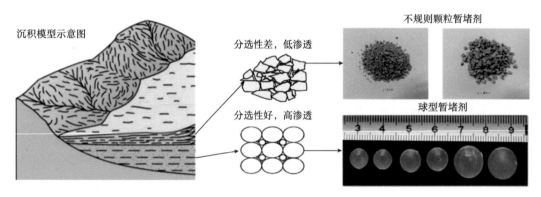

图 3-3-6　沉积模型的压裂暂堵剂优化图

四、避水酸压工艺

台盆区碳酸盐岩经历多期岩溶作用，在纵向上形成了多套缝洞系统，由于裂缝的存在，这些纵向上的缝洞系统可能相互连通。酸压改造的关键在于沟通上部有利储集体，同时避免沟通下部水体。在储层物性及地应力相似的条件下，人工裂缝纵向延伸容易失控。酸压前后测井资料分析结果表明，塑性隔挡层（如泥岩，泥质充填洞、泥质条带）、有一定厚度的致密高阻隔层，可有效控制缝高，否则，酸压改造时很容易发生上下窜通。根据历年上返酸压效果分析结果，总结出台盆区碳酸盐岩直井避水酸压选井原则、避水酸压工艺及配套工艺。

（一）选井原则

有利储集体的发育是上返改层酸压增产的物质基础，良好的致密隔层是确保避水酸压效果的重要条件。选择酸压措施井时，首先应优选储层发育有Ⅱ类及以上储层的井，其次，人工井底距下部油水界面的距离（避水高度）大于 60m，在无明显高阻致密层或隔层的情况下，推荐避水高度大于 60m 的井可实施酸压改造（图 3-3-7）。

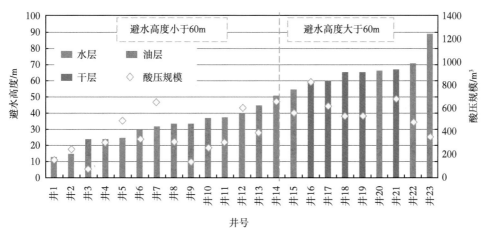

图 3-3-7　不同避水高度下上返酸压效果统计

（二）致密层划分标准

高阻隔层的存在对于裂缝缝高控制极为有利。上返酸压改造统计结果表明，在避水高度小于 60m 且避水成功的 8 口井中，均发育一定程度的致密隔层。在避水失败的 7 口井中，均无有效致密层，根据酸压出水效果及压后测井数据，总结出致密层划分标准，即钻井无放空漏失、隔层厚度大于 15m，测井解释为干层，具体标准见表 3-3-2。

表 3-3-2　致密层划分标准

钻井显示	厚度/m	自然伽马/API	体积密度/g/cm³	中子孔隙度/%	声波时差/μs/ft	深电阻率/Ω·m	裂缝孔隙度/%	孔隙度/%	成像解释	结论
无放空漏失，钻时>20min/m	>15	<17	>2.71	<1	<50	>12000	<0.001	<0.6	无裂缝或溶蚀孔洞，呈均匀浅色背景	干层

（三）避水酸压设计指导准则

综合致密层识别和避水酸压效果，形成碳酸盐岩储层避水酸压设计指导准则（表 3-3-3），针对虽无致密层，但避水高度>50m，酸压出水风险低，可实施避水酸压，推荐酸压规模 300~600m³，施工排量 4~6m³/min；避水高度，20~40m，推荐酸压规模 300m³ 以内，施工排量 3~4m³/min，对于避水高度小于 20m 的井，不建议酸压改造。对于有致密层且致密层厚度>15m，可根据需要规模可以大于 600m³。

表 3-3-3 控水酸压设计指导准则

致密储层情况		推荐施工规模/m³	推荐施工排量/m³/min	典型井例
存在有效致密层（>15m）		根据需要可>600	>6	H13-5 井避水高度 32m，致密层厚度 15.5m，施工规模 660m³，成功避水
无有效致密层（小于 15m）	避水高度<20m	建议不进行酸压	—	M5 和 M403 井避水高度分别为 13m 和 15m，酸压规模分别为 160m³ 和 243m³，压后均出水
	避水高度 20~40m	酸压规模 300 以下	3~4	（1）M4 井避水高度 24m，施工规模 78m³，小规模酸洗，无沟通水体风险；（2）H02 井避水高度 24m，施工规模 306m³，采用具有一定避水控下缝高技术，成功避水；（3）F3012 井避水高度 30m，施工规模 340m³，规模略大沟通水层
	避水高度 40~60m	酸压规模 300~600	4~6	（1）H7-11H 井避水高度 51m，酸压规模 657m³，沟通下部水体；（2）H7-17 井避水高度 45m，酸压规模 392m³，成功避水

（四）避水酸压配套工艺

（1）低黏度压裂液+高黏酸液配套工艺。哈拉哈塘地区碳酸盐岩储层单井裸眼段较长（>100m），酸压井段一般存在多个薄弱点同时起裂，造成纵向上的多裂缝，或者全部起裂形成高短裂缝，对于底水较为发育的井，出水风险很大。此类储层通过采用滤失性较大、造缝能力较小的低黏度压裂液作为前置液，同时采用变黏酸的造缝功能配合酸压，以避免裂缝缝高上过度延伸。

（2）阶梯提高排量控缝高工艺。以低排量起裂，随着阶梯式排量的增加，避免因为裂缝的非稳态扩展，而出现裂缝缝高失控的情况，哈拉哈塘地区所有上返酸压井几乎都使用了该工艺。

（3）预堵水上返工艺。对于中间没有严格致密阻挡层的油井，上返酸压时缝高很容易窜至底水层段。针对以上这类情况，一般推荐采用先堵水后上返的方式；采用化学堵水或直接打水泥塞挤堵方式对下部产层进行封堵，封堵塞面高度根据有利储层位置确定，尽可能保证较高的避水高度来满足施工规模的需求。

五、分段酸压工艺

碳酸盐岩储层非均质性强，基于碳酸盐岩直井改造技术，根据碳酸盐岩水平井钻遇特点，形成了适合于强非均质缝洞型碳酸盐岩储层的水平井分段酸压工艺，主要是借助井下分段工具实现分段酸压。形成的分段酸压工艺有水力喷射分段酸压、遇油膨胀封隔器+滑套分段和全通径分段酸压工艺，下面重点介绍全通径分段酸压工艺。

（一）全通径分段酸压管柱

分段酸压改造管柱核心部件为井下安全阀+套管悬挂封隔器+压控式筛管+裸眼封隔器+……+投球式筛管。具体管柱配置如图 3-3-8 所示。国产化全通径分段改造完井管柱实现了管柱的全通径，满足后续监测及维护作业需要。封隔器为打压坐封，缩短了作业周期。压控筛管液压打开，管柱分段数多。

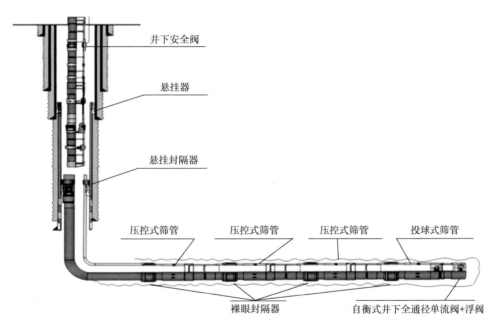

图 3-3-8　国产化全通径分段改造完井管柱结构示意图

（二）全通径分段酸压工艺

具体的分段酸压施工工艺以 TZ26-HX 井为例，见表 3-3-4：

（1）连接高压管线并试压合格；

（2）进行第一段酸压施工；

（3）投球打开投球滑套，进行第二段酸压施工；

（4）投 φ19mm 小球封堵第二段的投球筛管，打压打开压控式筛管，进行第三段酸压施工；

（5）投 $\phi19mm$ 小球封堵第三段的压控式筛管，打压打开压控式筛管，进行第四段酸压施工；

（6）后面改造段的施工步骤重复第五步，直至所有段完成改造施工；

表 3-3-4　TZ26-HX 井分段酸压施工程序

序号	施工步骤	液量/m³	油压/MPa	排量/(m³/min)	备注
准备	连接高压管线并试压 95MPa 合格				
第一段 5088~ 5172.67m	低挤胶凝酸	20	50~60	3.0~4.0	
	高挤黄胞胶滑溜水	120	70~90	4.0~6.0	
	高挤交联酸	60	70~90	4.0~6.0	
	高挤黄胞胶滑溜水	100	70~90	4.0~6.0	
	高挤胶凝酸	50	70~90	4.0~6.0	
	清水顶替	25	40~60	3.0~5.0	
	停泵测压降 10min				
第二段 5000~ 5078m	清水打开投球滑套2	30	40~60	1.0~2.0	投 $\phi60.3mm$ 球
	高挤胶凝酸	80	70~90	1.0~2.0	
	清水顶替	20	30~50	3.0~5.0	
第三段 4930~ 4990m	打开压控式筛管1	30	40~60	1.0~2.0	投 $\phi19mm$ 小球 30 个，交联比 0.8%
	高挤胶凝酸	40	70~90	4.0~6.0	
	高挤黄胞胶滑溜水	200	70~90	4.0~6.0	
	高挤交联酸	60	70~90	4.0~6.0	
	清水顶替	20	30~50	3.0~5.0	
第四段 4810~ 4920m	打开压控式筛管2	30	30~40	1.0~2.0	投 $\phi19mm$ 小球 48 个，交联比 0.8%
	低挤胶凝酸	30	50~60	3.0~4.0	
	高挤黄胞胶滑溜水	60	70~90	4.0~6.0	0.3%黄胞胶
	高挤黄胞胶滑溜水	60	70~90	4.0~6.0	0.45%黄胞胶
	高挤黄胞胶滑溜水	60	70~90	4.0~6.0	0.2%黄胞胶
	高挤交联酸	50	70~90	4.0~6.0	交联比 0.8%
	高挤黄胞胶滑溜水	80	70~90	4.0~6.0	
	高挤交联酸	40	70~90	4.0~6.0	
	清水顶替	20	30~50	3.0~5.0	
第五段 4695~ 4800m	交联冻胶打开 压控式筛管	30	30~40	1.0~2.0	投 $\phi19mm$ 小球 48 个，交联比 0.8%
	高挤胶凝酸	40	70~90	4.0~6.0	
	高挤黄胞胶滑溜水	200	70~90	4.0~6.0	
	高挤交联酸	60	70~90	4.0~6.0	
	清水顶替	20	30~50	3.0~5.0	

续表

序号	施工步骤	液量/m³	油压/MPa	排量/(m³/min)	备注
第六段 4585～ 4685.03m	打开压控式筛管4	30	30～40	1.0～2.0	投 φ19mm 小球48个，交联比0.8%
	高挤胶凝酸	40	70～90	4.0～6.0	
	高挤黄胞胶滑溜水	120	70～90	4.0～6.0	
	高挤交联酸	50	70～90	4.0～6.0	
	高挤黄胞胶滑溜水	80	70～90	4.0～6.0	
	高挤交联酸	40	70～90	4.0～6.0	
	清水顶替	25	30～50	3.0～5.0	
	停泵测压降10min				

第四节　改造工作液体系

针对塔里木油田高温、超深、缝洞型碳酸盐岩储层特点，为支撑多元化酸压技术高效实施，配套了耐高矿化度压裂液、黄胞胶压裂液、地面交联酸、温控变黏酸、自生盐酸、清洁转向酸、胶凝酸等改造液。本节重点对常用和最新研发的改造液材料进行介绍。

一、耐高矿化压裂液

瓜尔胶及其改性产品作为压裂液用稠化剂具有悠久的历史，由于其超强的增黏能力、快速溶胀、交联能力强等特点，一直是水力压裂用水基压裂液稠化剂主体。由于其分子结构（官能团）原因，导致瓜尔胶（包括改性）压裂液体系对矿化度十分敏感，特别是钙离子、镁离子、铁离子等，严重影响瓜尔胶稠化剂的应用。

由于塔中现场配液用水需要从距离200多千米外的轮南小区组织生活用水到井上配液，由于沙漠腹地许多单井连简易公路都没有，还需要用沙漠车背着运输车几十千米才能到单井，这样费时费力费资金，严重影响施工周期，给现场组织生产带来极大困难。

塔里木油田通过科研攻关，研制了一种专用的螯合剂，解决了塔中浅层高矿化度水（井场水）无法配液的难题，给现场组织带来极大方便。根据大量的室内及现场试验结果表明，该螯合剂能够显著改善井场水配制压裂液性能，溶解速度、增黏能力、压裂液主要性能指标等完全能够达到现场施工要求，从而形成了塔中耐高矿化压裂液体系。

（一）地表水水质状况

在压裂施工井区就地取水配制压裂液有利于减少运行成本，更好地保障施工。配液用水水质状况是决定因素。

收集塔中沙漠腹地 10 口井的浅层水井的水样，开展水质分析。分析结果表明（表 3-4-1），塔中井区浅层地表水差异较大，富含各种矿物离子。

表 3-4-1 沙漠腹地浅层水井水样分析结果

井号	水密度/g/cm^3	pH 值	组分含量/（mg/L）					
			碳酸根离子	碳酸氢根离子	氯离子	钙离子	镁离子	硼
塔中 X-1	1.0006	8.58	0	$6.70×10^1$	$1.57×10^3$	$2.02×10^2$	$2.48×10^2$	$8.00×10^{-1}$
塔中 X-2	0.9995	8.25	0	$6.62×10^1$	$1.36×10^3$	$1.20×10^2$	$1.46×10^2$	$8.00×10^{-1}$
塔中 X-3	1.0002	7.96	0	$6.37×10^1$	$1.51×10^3$	$1.96×10^2$	$2.56×10^2$	1.20
塔中 X-4	1.0006	8.00	0	$7.36×10^1$	$1.64×10^3$	—	$1.72×10^2$	2.80
塔中 X-5	1.0017	8.05	0	$6.37×10^1$	$2.12×10^3$	$1.84×10^2$	$2.32×10^2$	3.20
塔中 X-6	1.0005	8.11	0	$7.48×10^1$	$1.63×10^3$	$1.27×10^2$	$1.61×10^2$	2.00
塔中 X-7	1.0005	8.59	4.9	$8.43×10^1$	$7.50×10^2$	$1.16×10^2$	$1.53×10^2$	$8.00×10^{-1}$
塔中 X-8	—	—	—	$6.89×10^1$	$2.16×10^3$	$2.47×10^2$	$3.06×10^2$	—
塔中 X-9	—	—	—	$7.02×10^1$	$1.97×10^3$	$1.53×10^2$	$1.87×10^2$	—
塔中 X-10	—	—	—	$8.85×10^1$	$1.61×10^3$	$9.7×10^1$	$1.49×10^2$	—

（二）针对塔中井区地表水的螯合剂 AHJ-1 研制

要采用塔中井区沙漠浅层水作为压裂配液水，可以采取一系列的技术措施，主要思路：（1）化学处理，根本上除去浅层水中的金属离子；（2）采用螯合技术，将 Ca^{2+} 和 Mg^{2+} 等屏蔽掉。

由于化学方法除去金属离子如 Ca^{2+} 和 Mg^{2+} 等需要专门设备，大大增加工作量，费用很高，可行性差。采用螯合技术将简单得多，使用络合剂络合 Ca^{2+} 和 Mg^{2+} 等离子，现场操作最为简洁。

向塔中井区沙漠浅层水添加 0.075%NaOH，加热煮沸后产生了大量沉淀，如图 3-4-1 左图所示。因此研究形成了螯合剂 AHJ-1，向塔中井区沙漠浅层水同时添加 0.075%NaOH 和 0.3% 螯合剂 AHJ-1，加热煮沸后未产生沉淀，如图 3-4-1 右图所示，说明螯合剂 AHJ-1 具有较强的螯合能力。

1. 螯合剂 AHJ-1 对压裂液基液稳定性的影响评价

为了观察螯合剂在地表温度（1~30℃）下对压裂液基液稳定性的影响，选用加入 0.5%AHJ-1 螯合剂 D68 井高钙镁离子浓度浅层水配置压裂液。实验结果表明，加入螯合剂浅层高矿化度水配制的压裂液基液具有良好的稳定性，配制的基液可以放

图 3-4-1　螯合剂 AHJ-1 对塔中井区地表水稳定性的影响

置 3 天以上，可以满足塔中井区不同季节现场配液要求。

2. 螯合剂 AHJ-1 对压裂液流变性的影响评价

室内采用自来水、塔中 X-8 井浅层水、塔中 X-8 井浅层水+螯合剂 AHJ-1 配制压裂液，进行高温流变实验，实验结果表明，相对自来水配制的压裂液，D68 井浅层水+AHJ-1 螯合剂配制的压裂液性能稍差，但剪切 2h 后表观黏度大于 150mPa·s，满足携砂性能要求（≥100mPa·s），明显好于 D68 井浅层水配制的压裂液（图 3-4-2）。

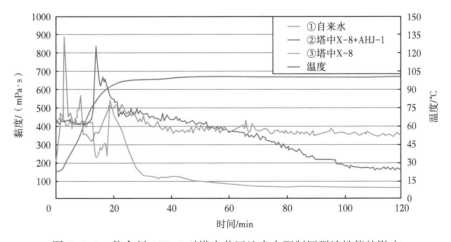

图 3-4-2　螯合剂 AHJ-1 对塔中井区地表水配制压裂液性能的影响

二、地面交联酸

地面交联酸体系由酸用稠化剂、交联剂以及其他添加剂（助排剂、缓蚀剂、破乳剂、铁离子稳定剂、破胶剂等）共同组成。

（一）地面交联酸的耐温耐剪切性能

酸用稠化剂和交联剂是交联酸体系的重要组成部分。通过大量的理论论证和实验摸索，研发了酸用稠化剂和交联剂。稠化剂为粉状颗粒，与水和酸混溶，配制简单，性能稳定。在酸液中 1h 可溶胀充分，无鱼眼，黏度达到 $25 \sim 40 mPa \cdot s$（0.8%稠化剂），稠化剂技术指标见表 3-4-2。酸用交联剂与交联酸稠化剂共同作用，可在浓度为 10%~28% 的酸液中，通过改变交联比，调节冻胶性能。酸用交联剂产品是无色透明液体，pH 值为 4~6，技术指标见表 3-4-3。通过添加交联调节剂，可调交联时间为 7~240s，耐温能力不大于 140℃，是高效强酸高温交联剂，与稠化剂形成交联冻胶体系，具有良好的耐温耐剪切性，地面交联酸在温度 120℃、剪切速率 $170s^{-1}$ 下的流变曲线如图 3-4-3 所示，120℃、$170s^{-1}$ 剪切 60min 后，黏度大于 $50mPa \cdot s$，地面交联酸基液如图 3-4-4 所示，地面交联酸冻胶如图 3-4-5 所示。

表 3-4-2 稠化剂技术指标

项目		技术指标
外观		白色固体
细度（过 SSW0.9/0.45 筛量）/%	不小于	90
细度（过 SSW0.18/0.125 筛量）/%	不大于	10
视密度/（g/cm³）		0.7~0.85
溶解性		与水和酸混溶
0.45%水溶液 pH 值		6.0~7.0
0.8%+20%盐酸溶液黏度/（mPa·s）		25~40

表 3-4-3 交联剂技术指标

项目	技术指标
外观	无色液体
密度/（g/cm³）	90
pH 值	2.0~4.0
水溶性	与水和酸混溶
交联时间/s	30~60
耐温能力/℃	不大于 140

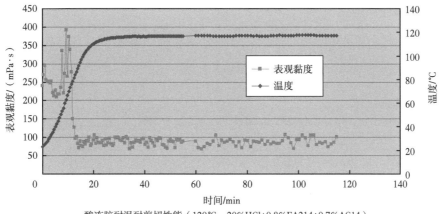

酸冻胶耐温耐剪切性能（120℃，20%HCl+0.8%FA214+0.7%AC14）

图 3-4-3　地面交联酸 120℃流变曲线图

图 3-4-4　地面交联酸基液

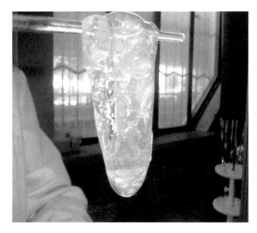

图 3-4-5　地面交联酸冻胶

（二）地面交联酸的缓速性能

利用旋转岩盘仪，在温度 130℃、不同酸液浓度（20%、15%、10%、5%）、转速 500r/min 条件下，测定胶凝酸、交联酸与颗粒石灰岩、含泥石灰岩反应 3min 后酸液浓度大小，揭示酸岩反应机理，构建出相应的酸岩反应动力学方程，其中交联酸与颗粒石灰岩的反应动力学方程为 $8.695×10^{-7}C^{1.8453}$，酸液浓度 20% 下的反应速度为 $2.37×10^{-5}mol/(cm^2·s)$，交联酸与含泥石灰岩的反应动力方程为 $5.109×10^{-8}C^{2.8497}$，酸液浓度 20% 下的反应速度为 $0.84×10^{-5}mol/(cm^2·s)$，实验结果见表 3-4-4。实验结果表明，岩性都为颗粒石灰岩，20% 的盐酸浓度的胶凝酸的反应速率是交联酸的 1.875 倍，交联酸的反应速率明显比胶凝酸低，交联酸的缓速性能远远优于胶凝酸；同样为交联酸，对于不同岩性，含泥石灰岩反应慢，尽管泥质含量为 1% 左右，但影响酸岩反应速率显著。

表 3-4-4　不同酸液体系、不同岩性的反应动力学参数

岩心编号	岩性	实验温度/℃	酸液类型	动力学方程（$J=KC^*$）/mol/（$cm^2 \cdot s$）	20%盐酸反应速率/10^{-5}mol/（$cm^2 \cdot s$）
1	颗粒石灰岩	130	交联酸	$8.695 \times 10^{-7} C^{1.8453}$	2.37
2	颗粒石灰岩	130	胶凝酸	$1.987 \times 10^{-6} C^{1.7082}$	4.24
3	含泥石灰岩	130	交联酸	$5.109 \times 10^{-8} C^{2.8497}$	0.84

注：动力学方程 $J=KC^*$，式中 J 为反应速度，表示单位时间流到单位岩石面积上的物流量，mol/（s·cm^2）；K 为反应速度常数，L/（s·cm^2）；C 为 t 时刻的酸液内部酸浓度，mol/L；m 为反应级数。

从反应后的岩心片看（图 3-4-6 至图 3-4-8），不同岩性、不同酸液酸岩刻蚀形态差异明显，其中胶凝酸与颗粒灰岩非均匀刻蚀能力最强，形成酸蚀沟槽；其次为交联酸与颗粒石灰岩刻蚀能力；交联酸与含泥石灰岩刻蚀能力最差，基本为平面均匀反应。因此，交联酸具有高温缓速深穿透的能力。

图 3-4-6　交联酸与颗粒石灰岩反应后岩心表面刻蚀形态

图 3-4-7　交联酸与含泥石灰岩反应后岩心表面刻蚀形态

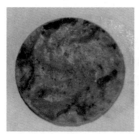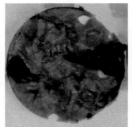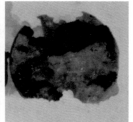

图 3-4-8　胶凝酸与颗粒石灰岩反应后岩心表面刻蚀形态

（三）地面交联酸刻蚀裂缝导流能力

模拟地层条件下，利用高温高压酸蚀裂缝导流能力仪，开展不同酸液黏度、浓度、注入方式及不同闭合压力下酸蚀裂缝导流能力，考察各因素对酸蚀裂缝导流能力的影响程度及规律。实验结果表明：胶凝酸鲜酸能得到一定的导流能力，残酸导流能力远远低于鲜酸；闭合酸化能显著提高裂缝导流能力；采用高黏度的交联酸可以获得高的导流能力，而且酸岩反应速度慢，活性酸能进入地层深部，能显著提高酸液有效作用距离，因此，交联酸是进行碳酸盐岩地层深部改造的理想酸液体系（表3-4-5，图3-4-9）。

表 3-4-5　酸蚀裂缝导流实验结果

实验编号	酸液类型	不同闭合压力下裂缝导流能力/（D·cm）					
		0MPa	10MPa	20MPa	30MPa	40MPa	50MPa
1	20%降阻酸	128.76	101.87	70.69	38.43	18.66	8.40
2	10%降阻酸	102.59	69.95	37.06	20.73	5.75	2.76
3	20%降阻酸+闭合酸化	129.70	109.62	63.37	32.86	30.48	29.04
4	20%交联酸	455.18	252.10	138.50	86.3	67.3	45.3
5	交联酸残酸	358.8	198.7	108.24	66.74	46	38.9

（a）　　　　　　　　　　　　　（b）

图 3-4-9　胶凝酸（a）、交联酸（b）分别与石灰岩反应后岩心表面刻蚀形态

（四）地面交联酸的破胶性能

为减少对地层的伤害，储层改造后，要求快速、彻底返排注入地层的工作液，这就要求工作液体系快速、彻底地破胶。使用0.12%的破胶剂，不同交联比的交联酸破胶结果见表3-4-6。在适当的条件下，交联酸体系与岩石反应，可以在3h后彻底破胶水化，完全可满足施工后快速、彻底破胶返排的要求。

表 3-4-6　地面交联酸体系与岩心反应（90℃）

交联比	破胶结果			
	1h	1.5h	2h	3.5h
100∶0.8	分层，碎冻胶	反应结束，黏度为20mPa·s	清液小于5mPa·s	
100∶1.0	冻胶弹性，可挑挂	冻胶，不可挑	分层，黏度为30mPa·s	反应结束，清液小于5 mPa·s
100∶1.3	冻胶弹性好，挑挂性好	冻胶，不可挑	分层，黏度为40mPa·s	反应结束，清液小于5mPa·s

注：150mL交联酸与15g实验岩心在90℃条件下进行反应。

三、温控变黏酸

温控变黏酸是一种靠温度来控制酸液黏度的酸液体系。温控变黏酸酸液体系的胶凝剂在不同浓度酸液中应均具有良好的溶解性和稳定性，在储层温度下不同酸浓度的酸液中，酸液吸收储层岩石的热能，酸液温度升高，当酸液温度升高到一定值时，酸液的黏度急剧增大，达到降低酸盐反应速率的目的，实现沟通远井储层。

（一）温控变黏酸的特点

（1）温控变黏酸在滤失进入微裂缝温度将很快恢复，迅速增加酸液温度，使变黏酸产生变黏，从而降低鲜酸的滤失速度，阻止了酸蚀蚓孔的过度发育，使更多的活性酸通过主裂缝向地层深部延伸，增加鲜酸的有效作用距离。

（2）变黏酸在酸性条件下未变黏前，其黏度与应用的胶凝酸基本相当，但在高温（120℃）的酸性条件下黏度还可保持在80mPa·s（170s^{-1}）以上，这样既能缓速又能降滤。所以，变黏酸在对高温储层进行深度改造时具有比胶凝酸体系更好的深穿透性能。

（3）变黏酸是随温度升高（>75℃）迅速变黏的，变黏后黏度相当于交联前置液的黏度，造缝性能类似交联前置液，运用变黏酸体系可适当降低前置液的用量。

（4）变黏酸只有在酸性和一定温度条件下产生变黏作用，且残酸在高温下又能降解，减少堵塞和对地层伤害，增加酸蚀裂缝的导流能力。

（二）温控变黏酸的性能评价

1. 变黏性能

温控变黏酸变黏反应是一个复杂的过程，主要由两个步骤完成：（1）胶凝剂TCA在酸性介质中，在一定温度和催化剂的条件下的二次聚合反应；（2）在高温条件下，胶凝剂的分子断链的降解反应。对于高温120℃条件下胶凝剂的二次聚合反应，由于体系温度高，在催化剂存在的条件下，胶凝剂二次聚合所需的时间短，然后胶凝剂在高温条件下缓慢断链降解。TCA 变黏酸体系的变黏实验主要分为两个部分：酸液的变黏反应和胶凝剂降解情况。

由实验结果可知（图 3-4-8），温控变黏酸在低于 50℃ 条件下，其流变性能与胶凝酸一致，随着温度的升高，黏度降低，也表明变黏酸在地面环境下（低于 50℃）其黏度较低，具有良好可泵性和降阻性能。当温度达到 60℃ 时，变黏酸的黏度开始增大，在 70℃ 左右急剧增大。在 70~110℃ 间黏度较高，黏度可以达到 200mPa·s 以上，当温度达到 120℃ 时，胶凝剂断链降解，体系的黏度降低，体系的黏度可以达到 10mPa·s 以下，便于残酸返排。

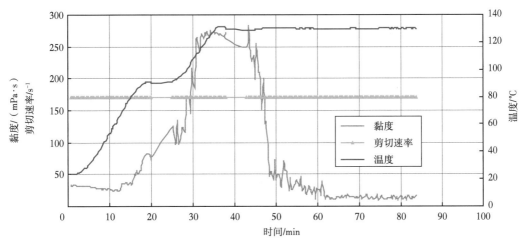

图 3-4-10　TCA 的黏温曲线

2. 缓速性能

采用塔里木油田轮南作业区奥陶系地层岩心，利用旋转岩盘仪，在温度 130℃、不同酸液浓度（20%、15%、10%、5%）、转速 500r/min 条件下，测定普通酸、稠化酸与变黏酸分别和石灰岩反应 3min 后酸液浓度大小，揭示酸岩反应机理，构建出相应的酸岩反应动力学方程，其中变黏酸与石灰岩的反应动力学方程为 $4.86×10^{-5}C^{0.1517}$，胶凝酸与石灰岩的反应动力方程为 $1.29×10^{-4}C^{0.2651}$ 普通酸与石灰岩反应动力学方程为 $4.56×10^{-4}C^{0.6269}$，实验结果如图 3-4-11 所示。实验结果表明，在相同条件下，普通酸反应速率最快，稠化酸次之，温控变黏酸最慢。120℃ 条件下，浓度 20% 普通盐酸反应速率为 $8.74×10^{-5}$mol/（cm²·s）；浓度 20% 的稠化酸反应速率为 $3.33×10^{-5}$mol/（cm²·s）；浓度 20% 的温控变黏酸的反应速率为 $1.40×10^{-5}$mol/（cm²·s）。实验结果发现普通酸的酸岩反应速率是温控变黏酸的 6.26 倍，稠化酸的酸岩反应速率是温控变黏酸的 2.38 倍。

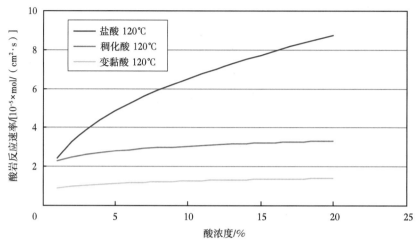

图 3-4-11 不同酸液体系的酸岩反应速率

四、自生酸

自生盐酸体系由 A 剂和 B 剂两种单剂按照 1:1 混合后，注入地层的流体物质利用化学离解或反应作用在地层深处生成酸液产物。自生酸优点是在地面不显酸性或显弱酸性，而在井底温度下逐渐产生酸，且产酸是逐步进行的，可有效降低酸岩反应速率，延长酸液作用距离，同时降低对井下管柱的腐蚀。塔里木油田从 2009 年至 2011 年开展了深穿透自生酸的研究。经过自生酸的理论研究、原材料筛选、配方体系优化及评价，形成了 ZX 系列自生酸体系，2012 年以来在油田得到广泛应用，已累计应用 200 余井次。

（一）自生酸有效成分及反应原理

自生酸由 A 剂多聚甲醛和 B 剂氯化铵组成，由含有醛类的液体或固体物质加水和悬浮剂配制成 A 剂；由氯氨盐的固体物质加水和悬浮剂配制成 B 剂，在施工现场按一定的比例混合后泵入地层，在高温地层混合产生盐酸。自生酸可以进入酸压裂缝端部进行刻蚀，达到深穿透，实现对碳酸盐岩储层裂缝的刻蚀，如图 3-4-12 所示。

（二）自生酸性能评价

1. 自生酸组成

自生酸由 A 剂和 B 剂按 1:1 比例现场混合注入，自生酸 A 剂和 B 剂黏度较高，A 剂为白色不透明黏稠液，密度为 $1.153g/cm^3$，黏度为 110mPa·s 左右；B 剂为白色不透明黏稠液，密度为 $1.063g/cm^3$，黏度为 90mPa·s 左右，如图 3-4-13 所示。

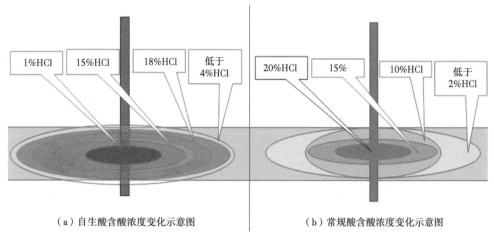

（a）自生酸含酸浓度变化示意图　　　　（b）常规酸含酸浓度变化示意图

图 3-4-12　自生酸和常规酸在裂缝中酸浓度分布对比图

（a）A剂　　　　　　　　　　（b）B剂

图 3-4-13　自生盐酸 A 剂和 B 剂图

2. 产酸量

实验室对自生酸的生酸浓度进行了滴定实验，随着反应时间的增加，混合液中产生盐酸量逐渐增大；当温度达到 95℃后反应 50min，混合液中盐酸质量浓度最大达到 10.29%；当反应 270min 后，混合液中盐酸质量浓度基本无变化，保持在 10% 左右（表 3-4-7）。实验结果表明，自生酸在高温条件下，能长时间保持稳定的产酸能力。

表 3-4-7　自生酸产酸能力测试结果

序号	温度/℃	反应时间/min	NaOH 液体体积/mL	盐酸质量浓度/%	实验现象
1	50	45	7.60	4.72	乳白色，乳液黏度降低，转子搅拌可流动，小颗粒固体减少
2	70	70	12.10	7.42	淡黄色，液体开始澄清，小颗粒固体消失，有一定黏度
3	90	85	14.15	8.63	淡黄绿色，液体逐渐澄清，有一定黏度

序号	温度/℃	反应时间/min	NaOH 液体体积/mL	盐酸质量浓度/%	实验现象
4		90	14.45	8.80	黄绿色，透明均一液体，有一定黏度
5		100	15.00	9.13	黄绿色，透明均一液体，黏度降低
6		110	15.10	9.18	
7		120	16.00	9.71	
8	95	130	16.70	10.11	黄色，透明均一液体，黏度与水接近
9		140	17.00	10.29	
10		150	16.50	10.00	
11		180	16.40	9.94	
12		210	16.50	10.00	
13		240	16.45	9.97	
14		300	16.50	10.00	
15		360	15.50	9.42	

3. 配伍性

通过实验，自生酸与地层水及原油混合后无絮状物、无沉淀、未分层，即配伍性良好，原油平均破乳率达到99.36%（表3-4-8和表3-4-9）。

表3-4-8　自生酸与地层水配伍性

配比	1:2	1:1	2:1
地层水:自生酸体系/mL	33:67	50:50	67:33
现象		无沉淀生成	

表3-4-9　自生酸与原油混合液破乳率

时间/min	不同酸:油配比下破乳率/%		
	3:1	3:2	1:1
3	0	36.92	71.58
5	0	55.38	78.95
10	0	80.95	86.32
15	0	82.37	88.42
30	0	83.79	90.53
60	1.76	85.21	90.53
120	1.76	88.05	91.58
240	30.00	90.89	92.63
600	93.54	98.70	96.84
1440	99.72	99.41	98.95

4. 缓速实验

根据酸浓度变化实验结果，随时间延长，自生酸体系的酸浓度先增加后缓慢降低，2.5h后酸浓度还有4.79%；普通胶凝酸体系的酸浓度随时间延长急剧降低，90min后酸浓度只有1.33%（表3-4-10）。根据动态反应速率结果，在120℃下，胶凝酸为$2.25×10^{-5}$mol/（$cm^2·s$），交联酸为$1.45×10^{-5}$mol/（$cm^2·s$），自生盐酸为$6.08×10^{-6}$mol/（$cm^2·s$），自生盐酸的动态反应速率比胶凝酸低73%，比交联酸低58%，具有较好的缓速效果。

表3-4-10　自生酸与普通胶凝酸缓速实验对比

反应时间/min	自生酸体系		普通胶凝酸体系	
	酸浓度/%	酸浓度/（mol/L）	酸浓度/%	酸浓度/（mol/L）
15	7.19	2.17	17.97	5.42
30	10.12	3.05	13.97	4.21
45	8.26	2.49	12.11	3.65
60	7.06	2.13	5.46	1.65
90	4.93	1.49	1.33	0.4
120	4.13	1.24	—	—
150	4.79	1.44	—	—

5. 酸蚀裂缝导流能力

模拟地层条件下，利用高温高压酸蚀裂缝导流能力仪，开展线性胶+自生酸二级交替注入酸岩刻蚀及不同闭合压力下酸蚀裂缝导流能力实验，实验结果如图3-4-14至图3-4-16所示。实验结果表明：自生酸释放H^+当量浓度有限，难以形成深度刻蚀，采用自生酸体系的酸压工艺裂缝导流能力初始偏小，且随闭合压力增大迅速下

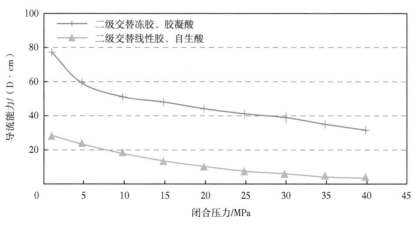

图3-4-14　不同酸液下二级交替酸压酸蚀裂缝导流能力

降，40MPa 闭合压力条件下酸蚀裂缝导流能力仅为 3.5D·cm，相同条件下比冻胶+胶凝酸二级交替酸蚀导流低 6 倍，因此自生酸适合远端裂缝导流能力构建。

图 3-4-15　线性胶+自生酸二级交替酸岩刻蚀形态

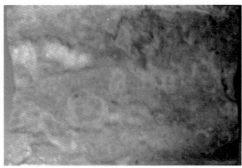

图 3- 4-16　冻胶+胶凝酸二级交替酸岩刻蚀形态

第四章 典型应用案例

历经 30 余年的艰苦奋斗，塔里木油田的储层改造技术发生了翻天覆地的变化，在盆地探区的库车前陆区超深高温高压低孔裂缝性砂岩储层和台盆区超深缝洞型碳酸盐岩储层改造中不乏有一些典型井涌现。本章优选了能代表塔里木油田储层改造技术最新进展的几口井，从储层评估与改造思路、改造方案优化与实施效果、后评估认识等多个方面，详细介绍了这些典型井的情况。

第一节 库车前陆区超深裂缝性砂岩改造案例

一、K1X 井超深大斜度井机械+暂堵分层改造

（一）储层评估与改造思路

1. 储层评估

1）单井概况

K1X 井是位于塔里木盆地库车坳陷克拉苏构造带克深断裂构造带 K1 构造西翼的一口定向评价井，行政隶属于新疆维吾尔自治区阿克苏地区拜城县。该井于 2018 年 3 月 10 日开钻，钻揭 6872m 时，间段漏失 $2.7m^3$，2019 年 2 月 16 日完钻，完钻井深 7060m/垂深 6398.4m，最大井斜方位 16.37°，最大井斜 77.6°，完钻层位为白垩系巴什基奇克组。本井钻遇目的层斜深 257m，垂深 108.6m；目的层砂地比 85.7%，砂岩层厚度 220m。

2）构造特征

K1 构造位于克深断裂构造带东部，为南北分别受二级断裂克深 1 号断裂和一级断裂克拉苏断裂控制的断背斜。断背斜构造走向与边界断裂走向基本一致，东西长约 16.5km，南北宽约 2.9km，长短轴之比 5.69:1，面积 36.7km²，高点海拔 -4525m，幅度 340m。K1X 井位于断背斜构造轴部西翼位置，井点位置在叠前深度偏移地震剖面上构造南北向、东西向均有回倾，圈闭形态清楚，如图 4-1-1 所示。

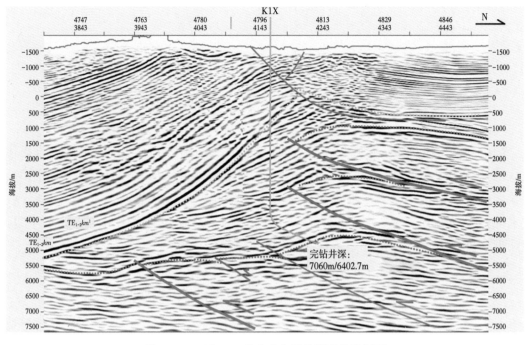

图 4-1-1 过 K1X 井南北向叠前深度偏移剖面

3）气藏特征

K1 构造是由两条逆冲断层所夹持的断背斜，K1 井、K3 井和 K1X 井均未钻穿白垩系巴什基奇克组，钻揭厚度分别为 295.1m、251m 和 257m（垂直厚度为 107.7m）。根据邻井地层对比，预测巴什基奇克组厚度约为 320m，小于气藏幅度 340m，具有层状特征。因此，K1 气藏为边水层状断背斜型气藏。K1 气藏东部 K3 井综合测井解释、MDT 测试综合判定气水界面 6623m（海拔-4865m）。K1X 井白垩系巴什基奇克组顶界海拔-4671.7m，比气水界面高 193.3m；K1X 井 6805m（垂深 6291.8m/海拔-4672.8m）至 7020m（6388.3m/海拔-4769.4m），斜厚 215m（垂厚 96.6m），测井解释气层、差气层和干层，未见明显水层。井底（斜深 7060/垂深 6398.4m，海拔-4779.4m）距离气水界面 85.6m（海拔-4865m）；待测试段底界避水高度 95.6m，如图 4-1-2 所示。

4）温度与压力特征

同区块 K1 井完井试油 2 层，取得 3 个温压数据点。位于 K1 下盘的 KS2 气藏目前已投入开发，实测压力梯度 0.29MPa/100m，温度梯度 2.2℃/100m，由于 K1 气藏与 KS2 气藏类型相似，埋深浅于 KS2 气藏，以 K1 气藏 3 个实测温压数据点为基础，采用 KS2 气藏温度和压力梯度，对 K1X 井待测试井段中部（海拔-4721.1m，垂深 6340.1m）温压进行预测，预测地层温度为：153.65℃，预测地层压力为：103.36MPa，压力系数 1.66。

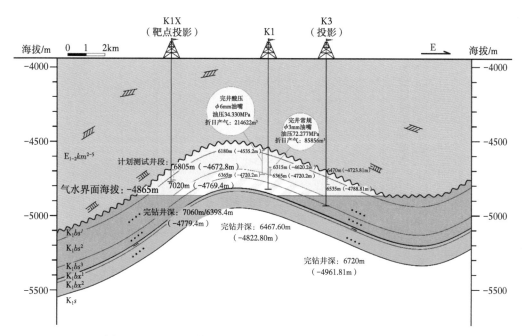

图 4-1-2 过 K1 井区白垩系巴什基奇克组东西向气藏剖面图

5）目的层油气显示情况

K1X 井在目的层白垩系巴什基奇克组共见气测显示 65m/15 层，气测显示集中在 6803～7042m，其中 6933～6935m 显示最好，TG 由 0.64% 上升至 3.24%，C_1 由 0.0368% 上升至 2.6417%，组分至 C_3，钻井液密度 1.71g/cm³，综合解释为差气层。

6）测井解释

目的层段采用随钻测井（LWD）及传输测井录取了常规测井资料，包括感应—八侧向/微球、补偿密度/岩性密度、补偿中子、井径、随钻伽马测井、油基钻井液（完井液等）电成像（Earth Image）等资料。该井井眼条件良好，无明显扩径，电性和物性测井曲线质量较好，满足测井解释要求；但电成像 EI 只采集了井底测得 18m 资料，基本不能用于裂缝评价。借用同区块 K1 井控制储量解释模型完成本井测井解释工作。

K1X 井目的层共解释气层 66.5m/16 层，平均孔隙度 8.8%，平均含气饱和度 70.9%；解释差气层 60.5m/14 层，平均孔隙度 4.9%，平均含气饱和度 54.9%。目的层流体解释未见水层显示如图 4-1-3 所示。

7）地质力学评价

K1X 井井壁形迹明显，根据垮塌显示，判别最大主应力方位为南东 140° 左右，K1 最大主应力方位为 110°，K3 最大主应力方位为 150°，K1 区域最大主应力如图 4-1-4 所示。K1X 井处于走滑型应力场状态，水平最小主应力为 2.2 MPa/100m 左

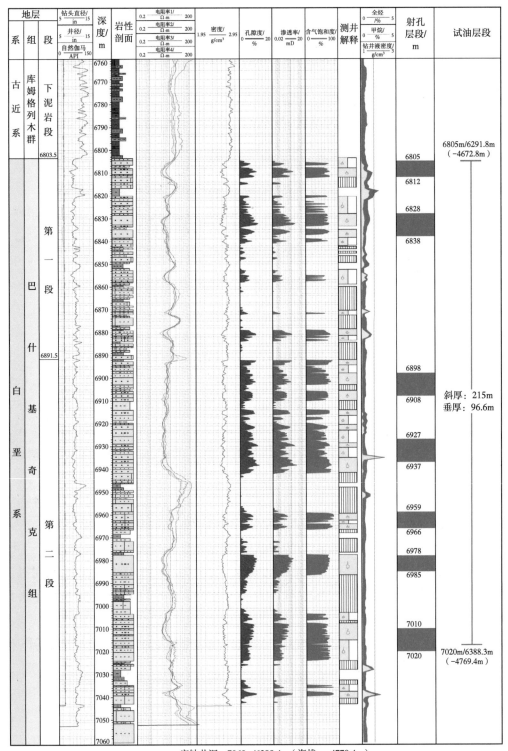

完钻井深：7060m/6398.4m（海拔：-4779.4m）

图 4-1-3　K1X 井白垩系巴什基奇克组四性关系图

右，垂向应力为 2.5 MPa/100m 左右，水平最大主应力为 2.6~2.7 MPa/100m。由于未测到声波，用密度反算，纵向应力分层不明显。K1 区域整体应力较高，K1X 井和 K1 井处于相对低部位。预测 K1 区域平面裂缝活动性整体较好，其中轴部附近及 K1 井北部区域、K1X 井南部区域裂缝活动性较高，如图 4-1-5 所示。

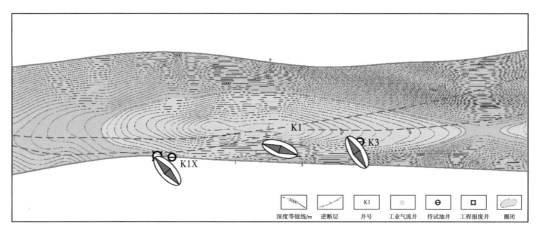

图 4-1-4　K1 区域主应力方位

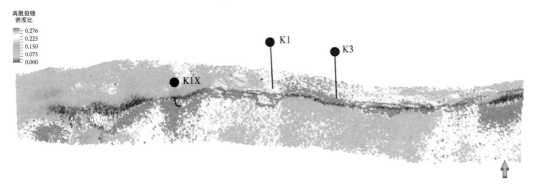

图 4-1-5　K1 区域天然裂缝活动性预测

储层综合评价认识：K1X 井钻遇储层整体处于气藏高部位，钻遇储层物性较好。测井解释多为气层、差气层，未见水层，避水高度 81m。天然裂缝方面，由于未录取到成像测井资料无法识别本井裂缝发育情况，结合区域邻井认识，预测 K1X 井目的层天然裂缝较发育。综上，本井综合评价为 II 类储层。

2. 改造思路

1）改造难点与对策

（1）因井况原因，K1X 井录取资料不全，天然裂缝发育情况不明，储层精细认识难。技术对策是，增加改造规模，增加改造波及范围，尽可能增大人工裂缝沟通区域预测的天然裂缝系统，实现单井产量提高。

（2）K1X井是库车山前KS区块第一口定向井，井斜角度大（60°~76.4°），据调研斜井改造经验认识，地层破裂压力较高，施工难度较大；技术对策为采用加重压裂液技术，增加净液柱压力，提高井底净压力，降低施工泵压，同时加砂阶段采用段塞打磨，降低近井摩阻，进一步降低施工难度。

（3）K1X井天然裂缝有效性较差，钻井漏点少，漏失量小，储层物性整体较差；技术对策是，采用加砂压裂方式改造，采用大规模冻胶加砂改造，增加人工裂缝长度，增加储层改造波及范围，合理布砂，形成高导流长缝，增加沟通天然裂缝可能，提高单井产能。

（4）K1X井改造段储层厚度大，井段长，实现均匀改造难度大；技术对策是加强储层认识，多方案进行改造模拟，合理分段，实现储层均匀改造。

2）改造层段优选

参照储层综合评价认识，以提高单井产能、落实气层规模为目的，优选测井解释优质气层、差气层进行改造试油测试，具体优选改造试油井段为6805~7020m。该井段解释气层和差气层总计115.5m/28层，其中气层：63.5m/15层，平均孔隙度为9.2%，平均含气饱和度为70.1%；差气层：52m/13层，平均孔隙度为5.1%，平均含气饱和度为55%。

3）储层改造思路

基于上述储层综合认识及提产改造难点和对策，明确以下改造思路：

（1）采用较大改造规模，大液量，低砂比，获得较长支撑裂缝；

（2）主压裂前，实施小型测试压裂，据此调整主压裂施工参数，把控施工风险；

（3）全程以冻胶压裂液造缝及加砂为主，保证足够砂量同时降低施工风险。

（4）改造液用氯化钾加重，降低斜井破裂压力高、超深井摩阻大的施工风险；

（5）前置液阶段采用多级段塞，降低大斜度井近井摩阻，降低后期施工压力。

（6）KS区块部分井出砂严重，为降低出砂风险，每一级尾追3m³覆膜支撑剂，防止返排时支撑剂返吐及抑制后期地层出砂。

（二）改造方案优化与实施效果

1. 改造方案优化

1）分级设计及改造规模优化

借助三维储层改造模拟软件进行压裂设计优化，基于测井解释成果及软件数值模拟所需油气藏基础资料，最大化提供软件所需输入数据（表4-1-1），构建地质模型，立足三维地质模型开展压裂数值模拟，如图4-1-6和图4-1-7所示。

表 4-1-1 K1X 井加砂压裂模拟计算输入参数表

参数	数据	参数	数据
孔隙度/%	9.2	渗透率/mD	0.61
地层温度/℃	153.65	最小水平主应力/MPa	138~165
压力系数	1.66	杨氏模量/GPa	35
压裂液稠度系数/$(Pa \cdot s^n)$	5.6738	泊松比	0.23
压裂液流态指数	0.3851	泵注排量/(m^3/min)	3.5~5.5

注：目的层段为 6805.00~7020.00m。

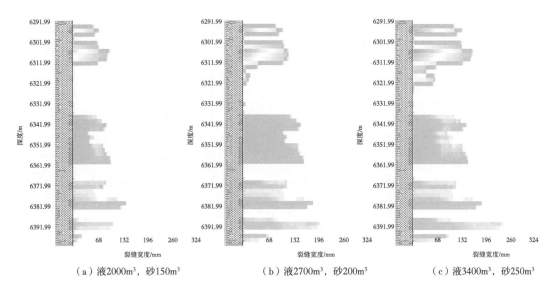

（a）液2000m³，砂150m³　　　（b）液2700m³，砂200m³　　　（c）液3400m³，砂250m³

图 4-1-6 K1X 井加砂压裂改造规模优化

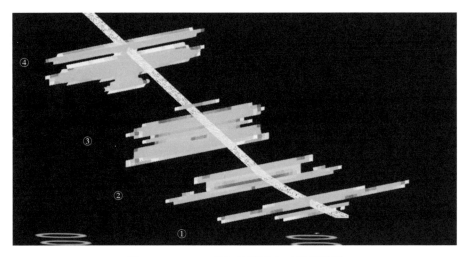

图 4-1-7 K1X 井加砂压裂人工裂缝模拟

结果显示，压裂规模最优砂量约为 200m³，此时平均支撑半缝长 132m，生成的 4 条人工裂缝总缝高约为 90m，能够实现纵向上优质储层均匀改造。四段改造用液规模及用砂量见表 4-1-2。

施工参数方面，井口限压 120MPa 工况下，延伸压力梯度在 2.21~2.50MPa/100m 范围时，排量控制在 3.8~5m³/min。据管柱力学校核认识，施工参数满足安全要求（施工泵压控制在 120MPa，管柱安全系数>1.5）。

表 4-1-2 K1X 井加砂压裂人工裂缝改造规模数据表

裂缝编号	①	②	③	④	总计
射孔层段/m	7010~7020	6959~6966 6978~6985	6898~6908 6927~6937	6805~6812 6828~6838	—
液量/m³	560	540	840	660	2600
砂量/m³	33.9	33.9	57.5	40.7	166

2）暂堵剂优选及用量计算

（1）暂堵剂选择。

预测 K1X 井改造段储层温度 153.65℃，按 45%降幅计算，改造时井底温度可降至约 85℃。为了兼顾暂堵剂承压能力及改造后暂堵剂彻底降解，优选 1~5mm 颗粒+5~10mm 颗粒中温体系暂堵剂进行复合暂堵，暂堵剂参数见表 4-1-3：

表 4-1-3 暂堵剂降解性能参数

暂堵剂类型	降解条件	彻底降解时间/h	备注
1~5mm 颗粒	80℃水浴	3~4	现场性能复核、满足要求方可入井
5~10mm 颗粒	80℃水浴	5~6	

（2）暂堵剂用量计算。

第一次①号缝封堵：经软件模拟，K1X 井①号缝模拟形成裂缝高度 $H=14$m，平均裂缝宽度 $w=0.004$m，暂堵剂封堵深度 $L=1.0$m，计算暂堵剂封堵体积（V）为

$$V = 2HwL = 0.112 \ (\text{m}^3)$$

结合暂堵剂密度 $\rho=1000$kg/m³，考虑到改造层段固井质量评价为胶结不好，为加强暂堵效果，取富余系数 $K=1.5$，计算暂堵剂总用量（M）为

$$M = K\rho V \approx 180 \ (\text{kg})$$

按照 5~10mm 颗粒：1~5mm 颗粒=1:1，则需要 5~10mm 颗粒 90kg，1~5mm 颗

粒 90kg。

第二次③号缝封堵：经软件模拟，本井③号缝模拟形成裂缝高度 $H=24\text{m}$，平均裂缝宽度 $w=0.004\text{m}$，暂堵剂封堵深度 $L=1.0\text{m}$，计算暂堵剂封堵体积：

$$V=2HwL=0.192（\text{m}^3）$$

结合暂堵剂密度 $\rho=1000\text{kg/m}^3$，考虑到改造层段固井质量评价为胶结不好，为加强暂堵效果，取富余系数 $K=1.5$，计算暂堵剂总用量为

$$M=K\rho V\approx300（\text{kg}）$$

按照 5~10mm 颗粒：1~5mm 颗粒 = 1:1，则需要 5~10mm 颗粒 150kg，1~5mm颗粒 150kg。

两次暂堵剂总用量：需要 5~10mm 颗粒 240kg，1~5mm 颗粒 240kg。暂堵剂加入顺序：按照 5~10mm 颗粒:1~5mm 颗粒 = 1:1 混合加入。若现场施工压力较高，在暂堵剂到达地层之前，需降排量观察转向效果，提高施工安全。

3）改造液体优化

据压裂液配方调试实验结果，本井采用 KCl 加重压裂液体系，具体配方如下：0.4%瓜尔胶+20.0%KCl+1.0%助排剂+1.0%破乳剂+0.5%温度稳定剂+0.4%交联调节剂+5.0%甲醇+清水。

液体性能：压裂液基液为无色透明黏稠液，密度为 1.113g/cm³，pH 值为 13，表观黏度为 47.7mPa·s；在 0.8%的（A 剂:B 剂 = 1:1）交联比下 170s 成胶可挑；130℃、170s^{-1} 连续剪切 120min 后表观黏度稳定在 200mPa·s 左右，满足加砂需求（图 4-1-8）。结合储层特征，多种添加剂保障了液体的低伤害、防水锁、快速返排性能。

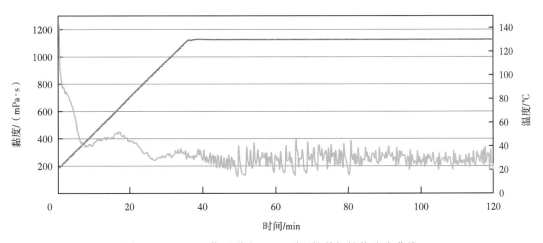

图 4-1-8　K1X 井压裂液 130℃耐温抗剪切性能流变曲线

4）测试压裂设计

主压裂前进行测试压裂，为后期主压裂泵注程序优化提供参考。测试压裂总液量 80m³，最高排量 6.0m³/min，限压 120MPa，主要进行阶梯升降排量测试，明确近井摩阻，停泵求取闭合压力等参数，见表 4-1-4。

表 4-1-4 K1X 井测试压裂泵注程序

序号	步骤	液体类型	排量/ m³/min	压力/ MPa	液量/ m³	累计液量/ m³	备注
1	低挤	基液	1.0~2.0	限压 120MPa	50	50	
2	升排量	基液	2.0~6.0		20	70	求破裂压力值
3	降排量	基液	5.0~1.0		10	80	分析近井摩阻
4	停泵	停泵观察 30min					求取闭合压力、滤失等

2. 实施效果评价

1）测试压裂

测试压裂总计用液 138.3m³，排量 0.61~5.69m³/min，泵压 37.10~101.60MPa。停泵测量压降 10min，压力从 47.83MPa 下降至 42.50 MPa。测试压裂起裂位置估算为最下方第 1 级启裂，该层段下方有井漏，取储层深度（垂直深度）6380m 计算。瞬时停泵压力梯度为 1.86MPa/100m，测试压裂施工曲线如图 4-1-9 所示。

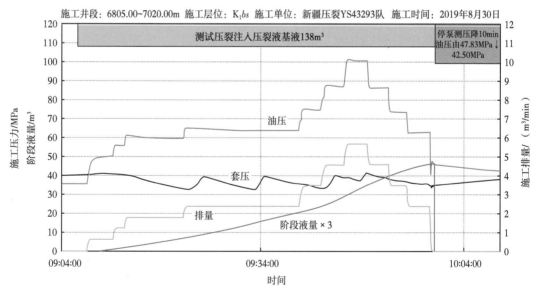

图 4-1-9 K1X 井测试压裂施工曲线图

2) 主压裂施工

基于测试压裂认识，预测裂缝延伸应力梯度为 2.21MPa/100m 左右，邻井压裂计算应力梯度为 1.86MPa/100m，储层情况好于预期。故对设计施工参数进行了优化，设计中每一级段塞的数量由 4 个减少为 2 个，同时在限定泵压情况下，提高泵注排量和砂浓度，进一步提升支撑缝导流能力。

主压裂共分为 4 段，总计泵入流体 2326.7m³，砂量 166m³，总体用液量和用砂量略低于设计用量。压裂主体排量在 6.5m³/min 左右，高于设计最高排量 5.5m³/min，最高砂浓度 420kg/m³，高于设计最高值 360kg/m³，加砂压裂施工曲线如图 4-1-10 所示。

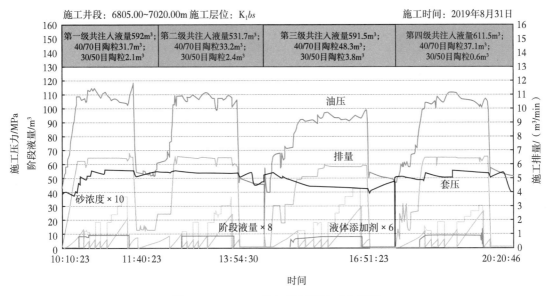

图 4-1-10 K1X 井加砂压裂施工曲线图

3) 测试返排

该井改造后拆卸完地面压裂车组后就开始返排求产，放喷过程中，先后采用 $\phi5mm$、$\phi6mm$、$\phi7mm$ 和 $\phi8mm$ 油嘴进行测试。油嘴更换后，油压和产气量不断升高，指示井筒控制储层范围不断扩大，反映储层人工裂缝极大波及了更大范围井旁储层。最后调整为 $\phi9mm$ 油嘴后，油压开始趋于稳定。最终定产数据：油嘴 $\phi8mm$，油压 77.428MPa，折日产气 602796m³，2019 年 9 月 7 日 11:00~15:00，油嘴 $\phi9mm$，油压 75.723MPa，折日产气 742050m³，测试结论为气层。截至定产，累计排液 1133.02m³，返排率约为 44.2%，求产曲线如图 4-1-11 所示。

4) 生产情况

K1X 井自 2019 年 10 月 11 日投产，投产三年来累计产气 $3.47\times10^8m^3$，目前日产

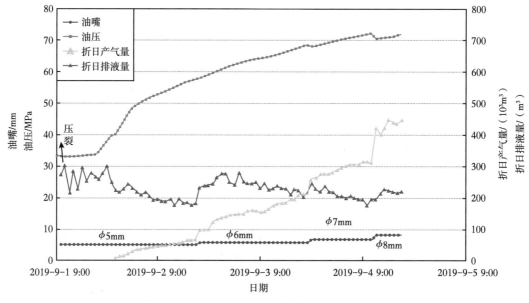

图 4-1-11　K1X 井求产曲线

气 600×10⁴ m³，油压 74.6MPa，产能稳定。期间油嘴调整，产能变化较大，但油压整体基本稳定，展示出稳定的产出能力（图 4-1-12）。

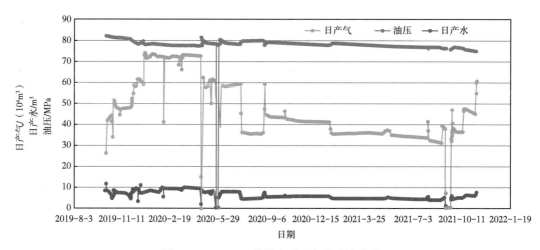

图 4-1-12　K1X 井投产后三年的生产曲线

（三）后评估认识

1. 测试压裂分析

K1X 井测试压裂，测试压裂曲线无明显的破裂点，说明测试压裂阶段，液体主要在扩展延伸天然裂缝。计算延伸压力梯度 1.87 MPa/100m，停泵压力小于 K1 井和 K3 井（K1 井 2.3 MPa/100m，K3 井 1.93 MPa/100m），而这两口井天然裂缝发育，说明K1X井储层天然裂缝发育（图4-1-13）。

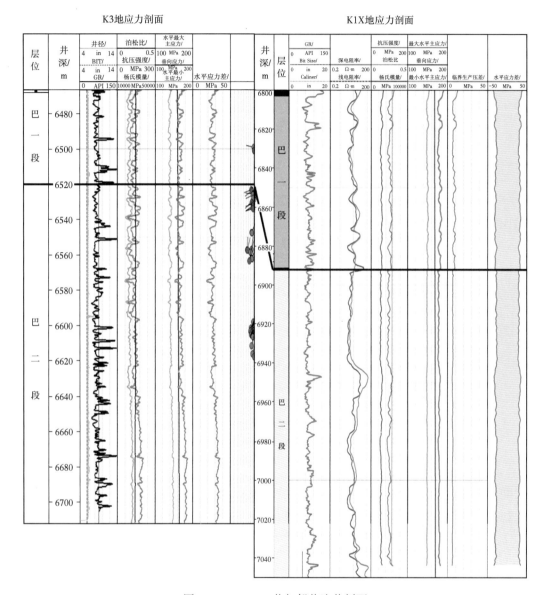

图4-1-13　K1X井与邻井连井剖面

升排量阶段分析：K1X井裂缝延伸压力曲线和标准曲线存在较大差异，在排量0.65m³/min，井底压力120.5MPa，天然裂缝明显激活，但后期在整个提排量过程中，天然裂缝处于扩展过程，未出现变缓趋势，如图4-1-14和图4-1-15所示。

停泵压降曲线分析：停泵后，裂缝存在很快的闭合现象，解释地面裂缝闭合压力45.84MPa，井底裂缝闭合压力115.9MPa，由于测试压裂阶段，基质未起裂，所

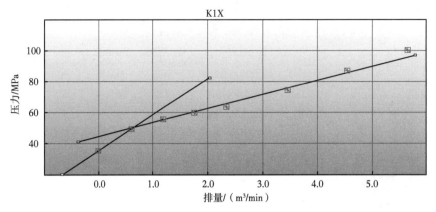

图 4-1-14　K1X 井升排量分析曲线

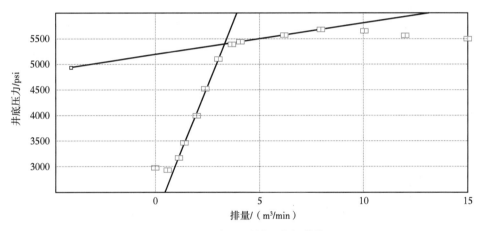

图 4-1-15　标准升排量分析曲线

以此处解释的闭合压力为天然裂缝所受的闭合压力。G 函数曲线分析认为，K1X 井天然裂缝发育，和改造前储层评估结论基本一致，如图 4-1-16 和图 4-1-17 所示。

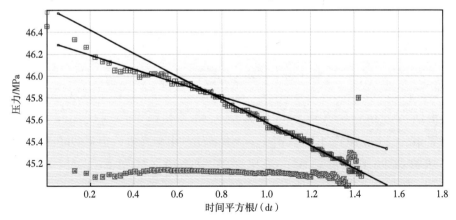

图 4-1-16　K1X 井测试压裂停泵后的平方根分析曲线

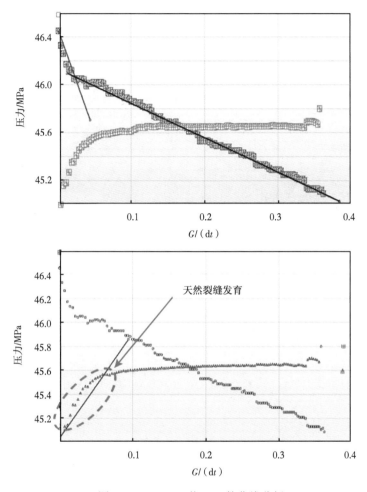

图 4-1-17 K1X 井 G 函数曲线分析

2. 主压裂分析

1）主压裂施工简况

主压裂累计注入地层总液量 2177m³，最大排量 6.55m³/min，最高泵压 118.5MPa，最高砂浓度 420kg/m³，总砂量 149m³。整体施工正常，如图 4-1-18 所示。

泵注程序调整说明：主压裂前的段塞由 4 个调整为 2 个；第 1 级和第 2 级基本按照设计规模施工。第 3 级和第 4 级，由于前期测试压裂、泵送可溶球等使用较多，比设计多 120m³（测试压裂液量由 80m³ 增至 138m³，送球液量由 40m³ 增至 102m³），后期泵注液量做了调整（表 4-1-5）。

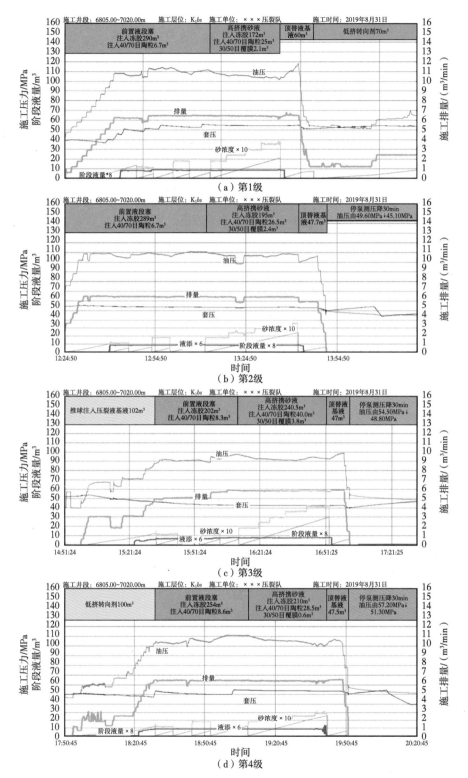

图 4-1-18　K1X 井 1~4 级加砂压裂施工曲线

表 4-1-5　**K1X 井实际施工参数与设计参数对比表**

压裂分级	测试压裂	第 1 级	第 2 级	第 3 级	第 4 级	总计
射孔段/m	—	7010~7020	6966~6969 6978~6985	6898~6908 6927~6937	6805~6812 6828~6838	—
设计砂液规模/m³	—	560	540	840	660	2600
实际砂液规模/m³	—	592	531.7	591.5	611.5	2326.7
设计砂量/m³	—	33.9	33.9	57.5	40.7	166
实际砂量/m³	—	31.9	33.7	48.1	35.4	149
最高排量/(m³/min)	5.69	6.54	6.49	5.94	6.55	6.54
最高泵压/MPa	101.6	118.5	110.8	98.7	111.6	118.5
最高砂比/(kg/m³)	—	360	360	420	300	420
停泵压力/MPa	47.83		50	55	57	
压降后压力/min	42.5		45	49	51	
压降时间/min	10		30	30	30	
延伸压力梯度/(MPa/100m)	1.86	未停泵	1.9	1.97	2	—

2) 软硬分层有效性评价

机械分层有效，第 2 级施工结束后，投可溶球打开压裂滑套压力响应明显，打滑套过程中压力由 56.4MPa 陡升至 66.4MPa，后下降至 62.4MPa；从两级改造停泵压力来看，第 3 级比第 2 级施工压力高 5MPa。

暂堵分层有效，第 2 级暂堵剂到位后泵压由 60.6MPa 升至 68.2MPa，升高 7.6MPa；第 4 级暂堵剂到位后泵压由 66.5MPa 升至 73.8MPa，升高 7.3MPa。

3) 人工裂缝拟合分析

基于压裂施工曲线，借助 Stimplan 全三维模拟软件，开展全过程净压力拟合，压裂造缝几何尺寸（表 4-1-6）。分析表明 K1X 井 4 级压裂造缝几何尺寸均达到设计要求（图 4-1-19 至图 4-1-22）。

表 4-1-6　**K1X 井设计裂缝参数与施工曲线拟合裂缝参数对比表**　　　单位：m

级数	设计裂缝长度	设计裂缝高度	拟合裂缝长度	拟合裂缝高度
第 1 级	140	14	151	21
第 2 级	120	16	118	45
第 3 级	130	24	138	50
第 4 级	95	30	142	34

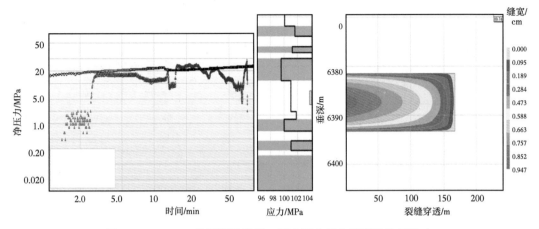

图 4-1-19　K1X 井压裂造缝第 1 级净压力拟合及裂缝几何尺寸

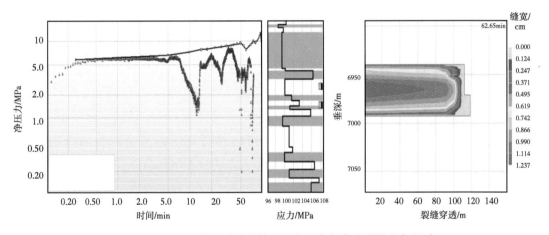

图 4-1-20　K1X 井压裂造缝第 2 级净压力拟合及裂缝几何尺寸

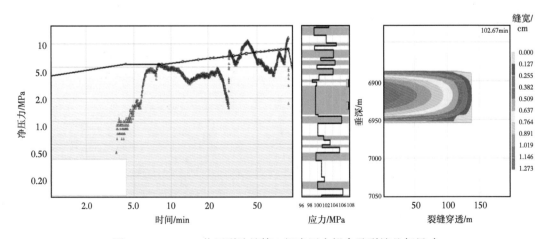

图 4-1-21　K1X 井压裂造缝第 3 级净压力拟合及裂缝几何尺寸

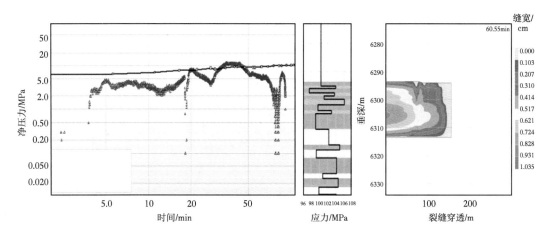

图 4-1-22　K1X 井压裂造缝第 4 级净压力拟合及裂缝几何尺寸

4）大斜度井施工难易程度再认识

K1X 井井斜角 60°，井筒方位 16°，与主应力夹角 56°，等效井筒方位为 56°。本井三应力（最小水平主应力 138MPa、最大水平主应力 165MPa，垂向应力 157MPa），相比直井，基质破裂压力增量 22MPa，预计 K1X 井破裂压力约 170MPa。

根据第 4 级停泵曲线分析，地面停泵压力 57.5MPa，停泵时井底压力 126.06MPa，闭合压力 119.91MPa，计算净压力 6.16MPa，岩石抗张强度 5MPa，计算井底破裂压力 131.1MPa。

实际破裂压力远小于压前预测值，主要原因为本井天然裂缝发育，降低了施工难度，如图 4-1-23 所示。

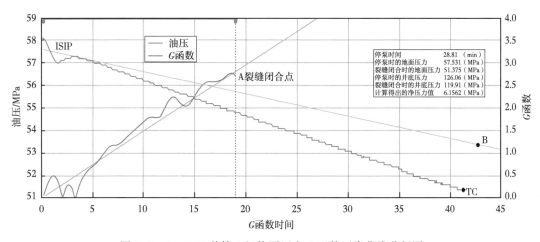

图 4-1-23　K1X 井第 4 级停泵压力 G 函数压降曲线分析图

3. 结论与认识

通过对 K1X 井加砂压裂进行后评估分析，可得到以下认识：

（1）根据测试压裂分析，本井储层裂缝发育，可压裂性好。

（2）根据压力响应分析结果，机械+暂堵复合分层工艺有效。

（3）根据压后裂缝拟合分析，施工达到了设计的裂缝参数。

（4）压后产量：ϕ8mm 油嘴，油压 77.43MPa，日产气 60.3×10^{4}m^3；ϕ9mm 油嘴，油压 75.72MPa，日产气 74.2×10^{4}m^3，测试结论为气层。

二、B907 井缝网酸压

（一）储层评估与改造思路

1. 基本情况

B907 井是塔里木盆地库车坳陷克拉苏构造带的一口开发评价井，目的层：白垩系巴什基奇克组，完钻井深 7635.00m，完钻层位：白垩系巴什基奇克组巴二段（未穿），人工井底 7614.00m，其中五开目的层漏失相对密度 1.75~1.72 的油基钻井液 41.95m^3。

2. 录井显示

白垩系巴什基奇克组投产层段 7487.50~7577.00m 钻进期间见油气显示 48.0m/14 层，其中井段 7575.00~7581.00m 显示好，岩性为棕褐色细砂岩，气测全烃由 1.04%上升至 2.39%，C$_1$ 由 0.2361%上升至 1.4257%，C$_2$ 由 0.0258%上升至 0.1075%，C$_3$ 由 0.0107%上升至 0.0233%，iC$_4$ 由 0.0028%上升至 0.0072%，其他组分无；出口钻井液相对密度 1.72，漏斗黏度 67s，氯离子含量 27000mg/L，电导率 1.89S/m，温度 50.6℃，槽面无显示，池体积无变化，现场综合解释为气层。

3. 测井解释

白垩系巴什基奇克组投产层段 7487.50~7577.00m 测井共解释 74.5m/31 层，其中气层 19.0m/6 层，孔隙度 7.2%~9.2%，加权平均孔隙度 7.5%，含油饱和度 66%~72%，平均含油饱和度 69%；差气层 40.5m/13 层，孔隙度 4.9%~5.9%，加权平均孔隙度 5.5%，含油饱和度 52%~69%，平均含油饱和度 62%；干层 15.0m/12 层。B907 井投产段 ϕH 值为 365.8m，储层段 7480.00~7590.00m 发育裂缝共 48 条，裂缝密度 0.44 条/m，四性关系如图 4-1-24 所示。

4. 地质力学评价

本井水平最大主应力为 2.51~2.59MPa/100m，水平最小主应力为 2.05MPa/100m 左右，垂向应力为 2.43MPa/100m 左右，最大水平主应力方位为西北北 340°，与天然裂缝走向夹角主要集中在 30°以内。其中 7459.80~7480.46m 天然裂缝走向与

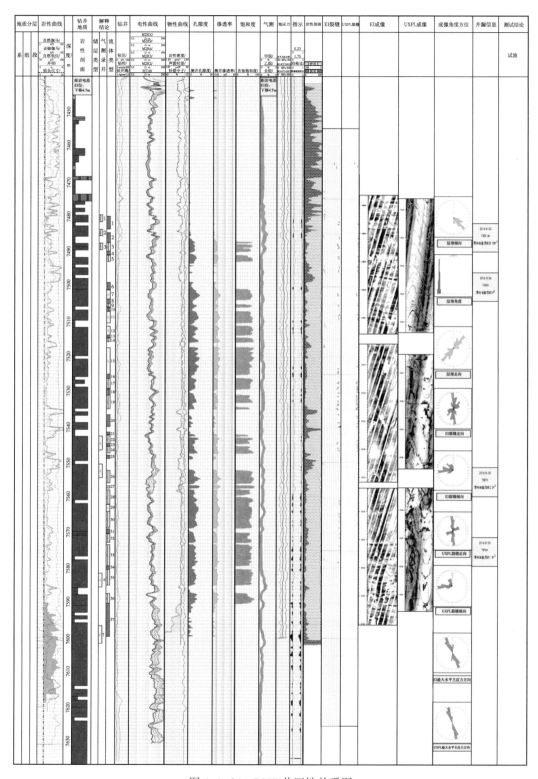

图 4-1-24 B907 井四性关系图

水平最大主应力夹角约60°，7499.08～7510.20m天然裂缝与水平最大主应力夹角约69°，7517.42～7535.12m天然裂缝与水平最大主应力夹角约20°，7536.04～7549.20m天然裂缝走向与水平最大主应力夹角约12°。通过裂缝临界应力分析认为，当井底压力钻井液（完井液等）当量密度为1.74g/cm³时，裂缝开始错动开启；当井底压力钻井液（完井液等）当量密度为2.05g/cm³时，裂缝73.2%开启。

5. 储层品质评估

（1）B907井位于B号构造带高点东翼，处于有利的构造位置，本改造段钻进期间漏失相对密度1.72钻井液29.95m³。

（2）参照B904井含水气层顶界海拔−6275m，计算避水高度141m。

（3）白垩系巴什基奇克组投产层段7487.50～7577.00m钻进期间见油气显示48.0m/14层，其中井段7575.00～7581.00m显示好，岩性为棕褐色细砂岩，现场综合解释为气层。

（4）投产层段7487.50～7577.00m测井共解释74.5m/31层，其中气层19.0m/6层，孔隙度7.2%～9.2%；差气层40.5m/13层，孔隙度4.9%～5.9%。

（5）储层段7485～7590m成像测井裂缝条数48条，裂缝密度0.44条/m，裂缝角度主要以中、高角度裂缝为主。综合评价测试段裂缝较发育。7485～7520m主体呈现大夹角特征，小夹角有一定的保有量，裂缝共计13条，力—缝夹角为60°～70°，上部裂缝开启压力高（全部开启需要钻井液当量密度达2.5g/cm³）；7520～7590m主体呈现小夹角特征，裂缝共计35条，力—缝夹角小于20°，下部裂缝开启压力低（绝大多数裂缝开启需要钻井液当量密度达2.05g/cm³左右）。

（6）B907井裂缝系统有效性好于邻井。B907井裂缝发育程度好，开启缝、部分开启缝比例高，发育程度好于邻井B9井和B904井；B907井储层使用低密度钻井液（完井液等）（1.72～1.75g/cm³）和随钻堵漏技术，漏失点多且分散；B907井全井段小力—缝夹角发育程度好于B9井和B904井。

综上所述，B907井本次改造段（7487.5～7577m）跨度89.5m，储层有效厚度（差气层+气层）59.5m，ϕH值为365.8m，共发育48条裂缝，裂缝密度0.44条/m，钻进期间漏失钻井液29.95m³，整体分析来看，该井裂缝发育程度高，有效性好，具有一定的物性基础，综合评价本段储层品质较好。

6. 改造思路与原则

储层品质较好，改造思路解除并突破近井储层伤害，激活更多天然裂缝，扩大渗流面积，达到提高单井产量的目的。

（1）本段纵向上非均值性强，为提高纵横向上的改造力度，进行一次层间转向。该井天然裂缝走向与水平最大主应力方位的夹角主要集中在30°以内，前置液为非交联压裂液，在突破近井伤害的基础上，力争造长缝，沟通并激活天然裂缝。

（2）本段为低孔裂缝性砂岩储层，钻完井及投产改造期间难免对地层产生伤害，缝内充填物为碳酸盐岩及钻井液固相物质，因此为解除地层伤害，沟通天然裂缝，酸液设计以盐酸体系的前置酸为主，含氢氟酸的土酸为辅，同时在酸液中加入适当比例的乙酸，以增强酸液的缓速效果，加入甲醇以强化体系的防水锁能力。

（3）本井改造段 7487.5～7577m 的中部深度 7533.25m 地层温度为 181℃，要求储层改造液体体系及相应添加剂耐高温。

（二）改造方案优化与实施效果

1. 改造—求产—完井一体化管柱配置（自上至下）

B907 井酸压管柱配置见表 4-1-7，计算井筒容积：37.14m³。根据邻井酸压施工情况，预测本次酸压施工吸酸压力梯度在 0.018MPa/m 左右，以储层中深 7533.25m 进行预测，预测本次酸压施工排量在 4.5m³/min 时，泵压在 110MPa 以内，见表 4-1-8。通过 WELLCAT 软件计算，符合本井管柱力学校核报告中对泵压及排量的控制要求。

表 4-1-7 B907 井酸压管柱配置表

名称	材质/钢级	外径/mm	内径/mm	抗内压/MPa	抗外挤/MPa	抗拉/kN	下深/m	备注
油管挂	718	276	103	140.1	137.8	3074	1	
双公短节	718	114.3	88.9	147.5	149.8	3074	2	
φ114.3mm 油管	HP2-13Cr110	114.3	88.9	147.5	149.8	3074	80	
4in SP	718	160.27	65.08	182.90	123.76	—	85	
φ114.3mm 油管	HP2-13Cr110	114.3	88.9	147.5	149.8	3074	1500	
φ114.3mm 油管	HP2-13Cr110	114.3	95.0	112.1	117.3	2406	2300	
φ114.3mm 油管	TN110Cr13S	114.3	97.18	99.4	98.9	2157	3100	
φ88.9mm 油管	TN110Cr13S	88.9	69.86	142.2	145.1	1800	4000	
φ88.9mm 油管	TN110Cr13S	88.9	74.22	109.6	114.9	1428	4700	
φ88.9mm 油管	TN110Cr13S	88.9	76	96.3	93.3	1267	7430	
5½in 永久式封隔器	718	110.74	58.62	109.35	103.42	—	7430	
φ88.9mm 油管	TN110Cr13S	88.9	76	96.3	93.3	1267	7450	
投捞式堵塞器	—	94	50/59	—	—	—	7451	投 φ55mm 梭镖
φ93.20mm 油管	BT-S13Cr110	93.2	73.2	70	120	784	7476	
球座	—	95.25	35.81/61.65	—	—	—	7477	投 φ38mm 球

表 4-1-8 B907 井酸压施工井口泵压预测

不同排量对应的井口泵压								延伸压力梯度/MPa/m
3.5m³/min		4m³/min		4.5m³/min		5m³/min		
井口压力/MPa	总摩阻/MPa	井口压力/MPa	总摩阻/MPa	井口压力/MPa	总摩阻/MPa	井口压力/MPa	总摩阻/MPa	
77.11		85.15		94.02		103.65		0.016
84.61	30.61	92.65	38.65	101.52	47.52	111.15	57.15	0.017
92.11		100.15		109.02		118.65		0.018
99.61		107.65		116.52		126.15		0.019

2. 酸液体系选择

根据岩心酸溶蚀实验（表 4-1-9），主体酸液基本配方采用 9.0%盐酸+3.0%乙酸+1.5%氢氟酸，前置酸液基本配方采用 9.0%盐酸+3.0%乙酸。

表 4-1-9 不同浓度盐酸和土酸溶蚀率测定结果

酸液配方	编号	溶蚀率/%	平均值/%
8.0%HCl	1#	4.77	4.41
	2#	4.05	
9.0%HCl	3#	5.10	5.14
	4#	5.18	
10.0%HCl	5#	5.47	5.47
	6#	5.47	
12.0%HCl	7#	5.83	5.82
	8#	5.81	
9.0%HCl+1.0%HF	1#	13.82	12.92
	2#	12.02	
9.0%HCl+1.5%HF	3#	17.10	16.98
	4#	16.86	
9.0%HCl+2.0%HF	5#	20.81	20.98
	6#	21.15	
9.0%HCl+3.0%HF	7#	22.32	22.21
	8#	22.09	

3. 分级及暂堵方案

B907 井井储层跨度 89.5m，酸化施工排量 3.5~4.5m³/min，储层跨度较大，储层非均质性强，而一级酸压不能完全覆盖储层有效厚度，采用粒径为 8mm 和 3mm 的暂堵球进行架桥，结合 1mm 暂堵球填充，进行层间转向提高分层效果，实现多级酸压化改造不同层段，尽可能地提高储层改造程度。

1）地质力学分级情况

根据 B907 井钻进期间井漏情况及裂缝分布情况（表 4-1-10），由于井段 7487.50~7490.00m、7491.00~7493.00m、7552.50~7556.00m、7558.00~7566.00m 和 7574.00~7577.00m 钻进期间发生井漏，分为第 1 级，共 19.0m/5 段；将其余井段分为第 2 级，共 22.5m/5 段。

表 4-1-10　B907 井射孔段井漏及裂缝分布

射孔簇	顶深/m	底深/m	射孔厚度/m	孔眼数/目	漏失情况/m³	岩石抗张强度	缝力夹角/（°）	应力梯度/kPa/m	分级方案
10	7487.5	7490	2.5	40	26.55	0~3	少量小于30	20.31	1
9	7491	7493	2	32				20.31	
8	7507	7510.5	3.5	56	—	0~3	少量小于30	20.4	2
7	7517.5	7525	7.5	120				20.05	
6	7526	7528	2	32			小于30	19.94	
5	7531	7535	4	64		14		19.8	
4	7542	7547.5	5.5	88				20.39	
3	7552.5	7556	3.5	56	3.2	0~3	0~3	19.85	1
2	7558	7566	8	128				19.85	
1	7574	7577	3	48				19.83	
备注					第 1 级 19.0m/5 段，第 2 级 22.5m/5 段				

2）软件裂缝模拟

利用 ABAQUS 软件建立三维有限元模型，模型包括 2 个隔层、3 个泥层和 4 个产层，并分层给定岩石力学及地应力参数，模型尺寸长×宽×高为 150m×40m×120m。通过软件模拟裂缝开启状态，给定排量 4m³/min，模拟两级裂缝形态，PFOPEN 表示缝宽大小，颜色越深，缝宽越大。

第 1 级裂缝开启对应井段 7487.50~7493.00m 和 7552.50~7577.00m（图 4-1-25），第 2 级裂缝开启对应井段 7507.00~7547.50m（图 4-1-26），与前期通过地质力学分析得到的分级结果相同，两者互相验证了结论的准确性。模拟裂缝三维尺寸见表 4-1-11。

表 4-1-11　模拟裂缝三维尺寸表

裂缝级数	缝长/m	最大缝宽/mm	缝高/m
一级	110	6.2	14
	85	6.4	26
二级	90	5.9	18

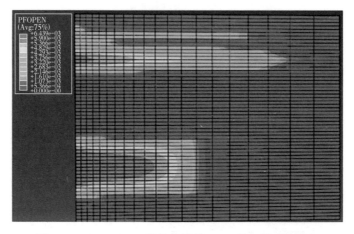

图 4-1-25 ABAQUS 软件模拟的 B907 井一级裂缝形态

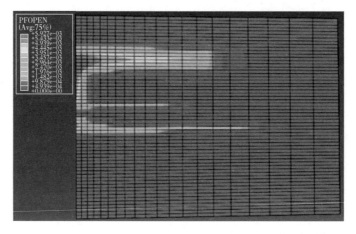

图 4-1-26 ABAQUS 软件模拟的 B907 井二级裂缝形态

3）转向排量确定

通过室内实验模拟纤维转向，确定了注入排量、裂缝宽度、液体黏度三者对转向效果的影响，如图 4-1-27 和图 4-1-28 所示。

（1）液体黏度不变，注入排量越低，附加压降越大，当排量超过 $1.6m^3/min$ 时，继续增大排量，压降变化较小。

（2）液体黏度不变，人工缝宽越大，附加压降越小，当缝宽超过 4mm 时，附加压降变化较小。

（3）随着液体黏度的增加，附加压差逐渐增加。

因此，现场施工时暂堵剂将要到达井底之前将排量降至 $1\sim1.5m^3/min$，确保人工缝宽较小，暂堵剂携带液黏度适当增加，以增大附加压降，加强封堵裂缝的效果，更好地实现新裂缝转向。

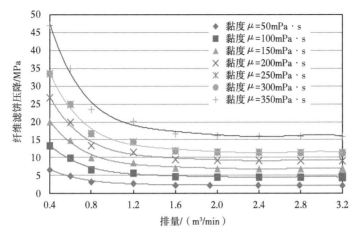

图 4-1-27 排量敏感性分析

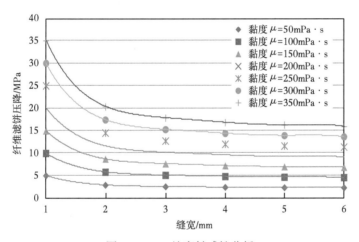

图 4-1-28 缝宽敏感性分析

4) 暂堵剂用量优化方案

射孔炮眼直径为 $r_0 = 8$mm，本井钻进目的层段的钻头直径 $\phi_1 = 168.3$mm，目的层段套管直径 $\phi_2 = 139.7$mm，套管壁厚 $d = 12.09$mm，因此计算炮眼深度（L_0）为

$$L_0 = (\phi_1 - \phi_2)/2 + d = 26.39 \ （mm）$$

计算单个炮眼体积（V_0）为

$$V_0 = \pi r_0^2 L_0/4 = 1.33 \times 10^{-6} \ （m^3）$$

暂堵剂的一级纵向转层，模拟该层段有效缝高为 40m，缝口平均缝宽 $W_{平均} = 4$mm。

（1）3mm 暂堵球的用量优化。

① 封堵炮眼的用量。一级酸压改造层段 19.0m 的范围内射孔孔数的 1/3 进行用量优化，射孔孔密 16 孔/m，因此本次炮眼数 $N_1 = 304$，得出封堵的炮眼体积为

$$V_1 = 1/3N_1V_0 = 0.0000135 \ （m^3）$$

② 封堵与炮眼连接的主裂缝的用量。

一级酸压改造缝高 $H_1 = 40m$，动态缝宽为 $W_{平均} = 0.004m$，封堵裂缝深度为 $L_1 = 0.05m$，主裂缝的封堵体积为

$$V_2 = 2H_1W_{平均}L_1 = 0.016 \ （m^3）$$

根据 3mm 暂堵球的堆积密度 $800kg/m^3$，富余量 15%，计算 3mm 暂堵球一次注入进行层间转向所需用量为

$$M_1 = 1.15×800 \ （V_1+V_2）= 14.73 \ （kg）$$

根据现场实际情况，3mm 暂堵球一次注入进行纵向转层工艺用量为 15kg。

（2）1mm 暂堵球的用量优化。

① 填充暂堵球孔隙的用量。转向球完成架桥后，要实现完全封堵，需要 1mm 暂堵球充填至其堆积孔隙（孔隙度≈36%）中，其体积用量为

$$V_3 = 36\% \ （V_1+V_2）= 0.0058 \ （m^3）$$

② 通过暂堵球孔隙进入主裂缝堆积形成封堵所需用量。一级酸压改造层段 $H_2 = 40m$，动态裂缝缝宽 $W_{平均} = 0.004m$，封堵裂缝深度 $L_2 = 0.08m$，计算 1mm 暂堵球通过暂堵球孔隙进入主裂缝形成堆积体积为

$$V_4 = 2H_2W_{平均}L_2 = 0.0256 \ （m^3）$$

根据 1mm 暂堵球堆积密度 $800kg/m^3$，富余量 15%，1mm 暂堵球所需用量为

$$M_2 = 1.15×800 \ （V_3+V_4）= 28.89 \ （kg）$$

根据现场实际情况，1mm 暂堵球进行纵向转层工艺的用量为 29kg。

（3）8mm 暂堵球的用量优化。

一级酸压改造层段 19.0m 的范围内射孔孔数的 1/3 进行用量优化，富余量 15%，19.0m 范围内炮眼数为 $N_1 = 304$，则封堵炮眼数为

$$N_2 = 1.15×1/3 \ N_1 = 117 \ （个）$$

综上所述，第一级酸压结束后注入 8mm 暂堵 117 个+3mm 暂堵球 15kg+1mm 暂堵球 29kg。施工过程中，在暂堵剂到达地层之前，需降排量至 $1～1.5m^3/min$ 观察转向效果。

4. 酸压施工工作液用量软件模拟优化

基于 Mangrove 软件模拟结果，$430m^3$ 为最优量，如图 4-1-29 所示。

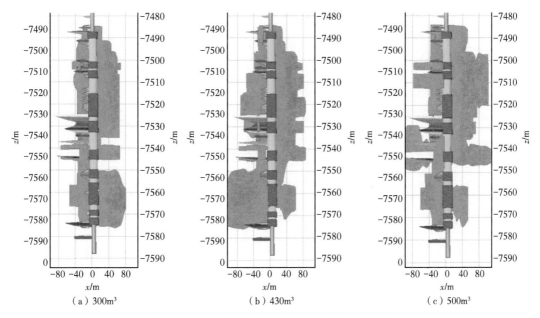

（a）300m³   （b）430m³   （c）500m³

图 4-1-29 不同液量规模裂缝几何形态侧视图

5. 酸压施工程序

表 4-1-12 为 B907 井酸压施工设计泵注程序表。

表 4-1-12 B907 井酸压施工设计泵注程序表

序号	施工步骤	液量/ m³	排量/ m³/min	油压/ MPa	备注
1	高挤非交联压裂液	80	1.0~4.5		
2	高挤前置酸	40	3.5~4.5		
3	高挤主体酸	30	3.5~4.5		
4	高挤后置酸	20	3.5~4.5		前置酸:清水＝1:1 混注
5	低挤非交联压裂液	10	1.0~1.5		地面投 8mm 暂堵 117 个+3mm 暂堵球 15kg+1mm 暂堵球 29kg
6	高挤非交联压裂液	100	3.5~4.5	<110	
7	高挤前置酸	40	3.5~4.5		
8	高挤主体酸	30	3.5~4.5		
9	高挤后置酸	20	3.5~4.5		前置酸:清水＝1:1 混注
10	高挤滑溜水	30	3.5~4.5		
11	高挤滑溜水（碱性）	30	3.5~4.5		
12	测压降 15min				

6. 酸压施工情况

注入井筒总液量430m³，挤入地层总液量390.11m³，酸液用量160m³，压裂液用量190m³，泵压48.6～110.7MPa/86.6MPa，排量0.5～4m³/min/4m³/min，测压降15min，油压由48.7MPa下降至48.3MPa，如图4-1-30所示。

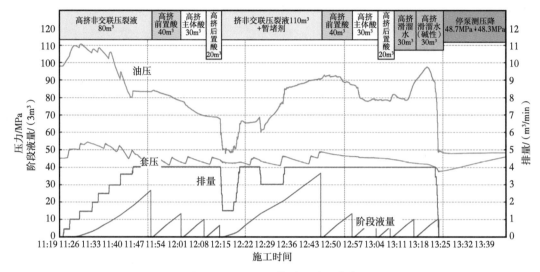

图4-1-30　B907井酸压施工曲线

7. 酸压后排液求产情况

酸压后用φ9mm油嘴放喷求产，油压93.8MPa，折日产气948720m³，如图4-1-31所示。

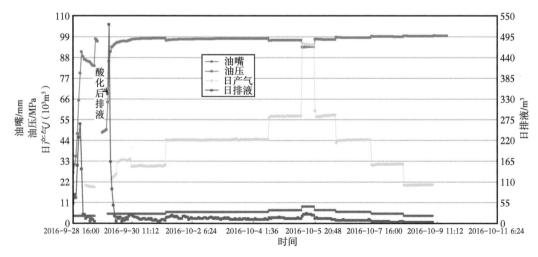

图4-1-31　B907井求产曲线

（三）后评估认识

（1）从酸压施工曲线看，高挤前置液和主体酸时，泵压降落明显，反映酸液沿天然裂缝延伸，滤失范围较大；停泵压力低（48.7MPa），注入压差小，说明储层天然裂缝发育。

（2）暂堵转向工艺适应性分析：在高挤非交联压裂液 3.0m³ 时，在排量 1.5m³/min 下投入暂堵剂（8mm 暂堵球 117 个、3mm 暂堵球 15kg、1mm 暂堵球 29kg）后，提排量至 4.0m³/min，暂堵剂到达地层后，排量 3.0m³/min 条件下泵压由 62.79MPa 上升至 75.18MPa，压力升高 12.39MPa；对比暂堵转向前后，排量 4.0m³/min 条件下泵压由 67.23MPa 上升至 83.49MPa，压力升高 16.26MPa，转向效果显著（图 4-1-32）。

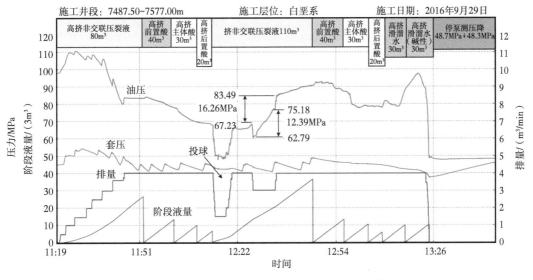

图 4-1-32　暂堵转向工艺适应性分析（B907 井）

（3）酸压前用 ϕ4mm 油嘴放喷求产，油压 83.6MPa，折日产气 196086m³；酸压后用 ϕ9mm 油嘴放喷求产，油压 93.8MPa，折日产气 948720m³，本次施工通过暂堵转向提高了储层的改造程度，达到了提高单井产量的目的。

三、A2-J11 井非交联压裂液携砂

（一）储层评估与改造思路

1. 基本情况

A2-J11 井是部署在塔里木盆地库车坳陷秋里塔格构造带的一口开发井（检查井），位于新疆维吾尔自治区阿克苏地区库车县城东北约 75km，南距 A2-11 井约 0.60km，北距 A2-25 井约 0.57km，西距 A2-12 井 0.92km。该井于 2019 年 2 月 6 日

开钻，2019 年 12 月 13 完钻，完钻井深 6985.00m，完钻层位：白垩系舒善河组（未穿），目的层岩性为砂岩。

2. 录井显示

新近系吉迪克组底砂岩段+古近系改造段 4732.5～4799.5m 录井共见气测显示 24m/9 层。其中显示值最高井段 4775～4785m，岩性：浅褐色粉砂岩，全烃由 0.06% 上升至 26.70%，C_1 由 0.0524% 上升至 21.0599%，组分齐全；现场综合解释：气层。

3. 测井解释

新近系吉迪克组底砂岩段+古近系改造段 4732.5～4799.5m，共解释 30.0m/12 层，其中气层 22.5m/9 层，孔隙度 7.9%～11.7%，加权平均孔隙度 10.09%，含油饱和度 49%～57%，加权平均含油饱和度 51.51%；差气层 7.5m/3 层，孔隙度 6.7%～8.4%，加权平均孔隙度 7.7%，含油饱和度 59%～63%，加权平均含油饱和度 60.3%，ϕH 值为 246.7m。图 4-2-33 为 A2-J11 井四性关系图。

4. 避水高度

A2 区块气水关系复杂，MDT 测试取样分析古近系苏三段 4926.99m 与 A2-26 井水样流体性质接近，推测为地层水上窜，古近系局部水淹，避水高度 127.49m。

5. 前期改造生产情况

2019 年 7 月 24 日，对新近系+古近系井段 4732.5～4799.5m 进行酸压改造，挤入井筒总液量 235m³，最高泵压 80.60MPa，最大排量 4.28m³/min。停泵 20min，测压降由 50.5MPa 下降至 31.8MPa。计算吸酸压力梯度为 0.0204MPa/m。酸压前测试：ϕ5mm 油嘴，油压 24.18MPa，折日产气 8.8×10⁴m³。酸压后求产，采用 ϕ6mm 油嘴，油压 51.64MPa，折日产气 24.4×10⁴m³，折日产油 23.9m³，生产过程油压由 47.55MPa 下降为 26.19MPa，试井解释表皮系数为 177.22，生产压差 25.76MPa。

6. 储层品质评估

（1）迪那 2 气藏古近系以扇三角洲前缘水下分流河道沉积为主，以粉砂岩和细砂岩为主。本井在改造段内钻进至井深 4733.83m 发生井漏，累计漏失密度 1.85g/cm³ 的钻井液 11.7m³。

（2）改造段 4732.5～4799.5m，录井共见气测显示 24m/9 层，全烃由 0.06% 上升至 26.70%，组分齐全；现场综合解释气层。测井解释 30.0m/12 层，其中气层 22.5m/9 层，差气层 7.5m/3 层，平均孔隙度 9.5%，ϕH 值为 246.7m。

（3）改造段拾取裂缝密度 0.15 条/m（邻井 DN2-25 井为 0.68 条/m，DN2-11 井为 0.35 条/m），A2-J11 井较邻井天然裂缝欠发育。

（4）A2-J11 井 MDT 测试取样分析古近系苏三段 4926.99m 疑似水淹，避水高度 127.49m。

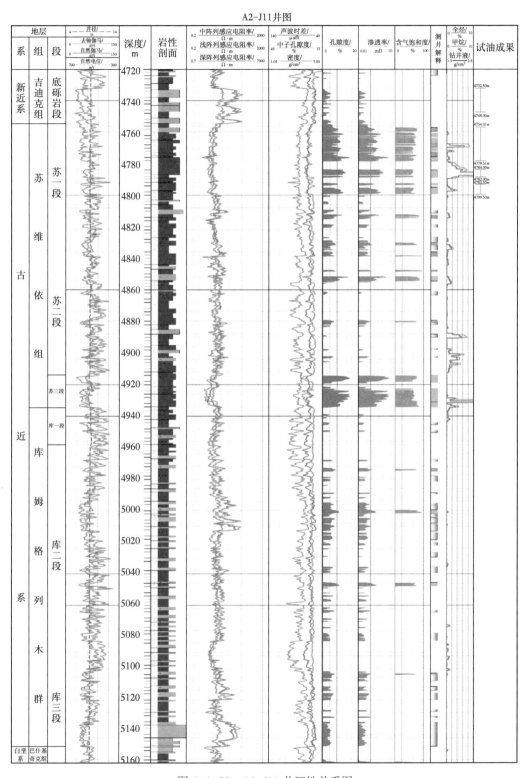

图 4-1-33　A2-J11 井四性关系图

（5）A2-J11井前期进行酸压改造，试油期间产量得到一定程度提升，生产过程油压下降快，生产压差大，分析原因近井天然裂缝欠发育，有效性较差，酸压改造范围有限，近井渗透率降低。

储层综合评价：A2-J11井天然裂缝欠发育，平均孔隙度9.5%，ϕH值为246.7m，储层物性一般，裂缝有效性较差，生产过程中油压不断下降，近井渗透率性降低，避水高度低。

7. 改造思路与原则

A2-J11井储层物性较差，改造思路采用压裂改造工艺，提高近井裂缝导流能力，激活更多天然裂缝，扩大渗流面积，避水高度低，要采用控制裂缝高度生长，达到提高单井产量和避水的双重目的。

（1）改造段避水高度低，优选改造液体、排量、规模等施工参数实现控缝高。

（2）改造参数采用低砂比段塞打磨，降低近井摩阻，激活并沟通更多天然裂缝，携砂液低黏压裂液携砂，地层闭合压力较高，采用40/70目高强度陶粒支撑剂，尾追30/50目覆膜支撑剂防止出砂。

（二）改造方案优化与实施效果

1. 管柱配置及井口压力预测

A2-J11井全井采用3½in管柱，管柱容积20.2m³，井口采油树：KQ78/78-105，FF级，耐温L-U级。前期酸压裂缝延伸压力梯度为0.0204MPa/m。本次按照裂缝压力梯度0.020～0.022MPa/m进行施工压力预测，施工排量在4.0m³/min时，预测施工压力在84MPa以内，见表4-1-13。

表4-1-13　A2-J11井施工压力预测

不同排量下施工压力												延伸压力梯度/MPa/m
2m³/min		2.5m³/min		3m³/min		3.5m³/min		4m³/min		4.5m³/min		
井口压力/MPa	总摩阻/MPa	井口压力/MPa	总摩阻/MPa	井口压力/MPa	总摩阻/MPa	井口压力/MPa	总摩阻/MPa	井口压力/MPa	总摩阻/MPa	井口压力/MPa	总摩阻/MPa	
56.0		59.7		63.9		68.8		74.2		80.1		0.020
60.7	7.7	64.4	11.4	68.7	15.7	73.5	20.5	78.9	25.9	84.9	31.9	0.021
65.4		69.1		73.4		78.3		83.7		89.6		0.022

2. 液体体系优化

压裂裂缝缝高受层间应力差、杨氏模量、储层厚度、压裂液黏度和排量等5个参数的影响，通过压裂软件模拟，施工参数中黏度越高，裂缝高度越大，排量越大，裂缝高度越大,如图 4-1-34 和图 4-1-35 所示。

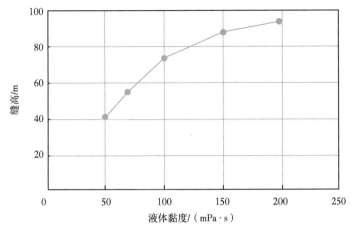

图 4-1-34 软件模拟不同黏度与缝高的关系

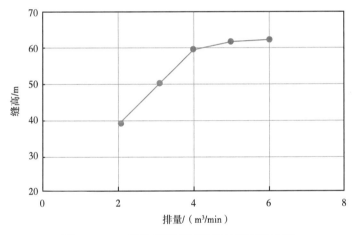

图 4-1-35 软件模拟不同排量与缝高的关系

库车山前压裂工艺常用冻胶压裂,冻胶黏度高 150mPa·s,压裂软件模拟裂缝缝高有 71m(图 4-1-36),存在沟通下部水的风险;而非交联压裂液黏度低 70mPa·s,裂缝模拟裂缝缝高 50m(图 4-1-37),沟通水的风险小。

非交联压裂液在库车山前改造工艺中用作前置液,未进行过携砂,开展非交联压裂液静态沉降支撑剂实验(图 4-1-38),实验结果表明非交联压裂液满足 35min 静置悬砂。如图 4-1-39 所示,在温度 120℃、剪切速度 170s⁻¹ 剪切 120min,压裂液黏度在 40mPa·s 左右。

3. 规模优化

压裂软件进行模拟优化,当改造规模超过 650m³ 后,支撑半缝长增量变缓,优

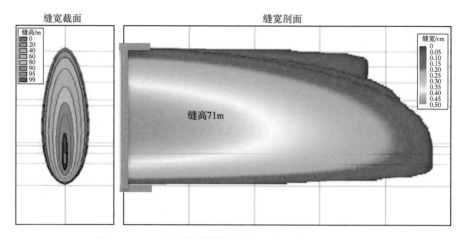

图 4-1-36 压裂软件模拟冻胶压裂形成的裂缝形态

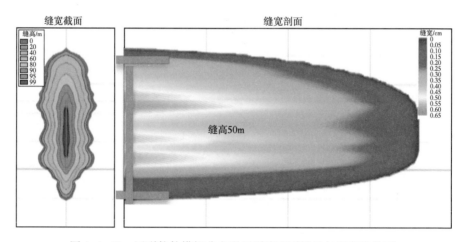

图 4-1-37 压裂软件模拟非交联压裂液不同排量与缝高的关系

图 4-1-38 非交联压裂液沉降实验

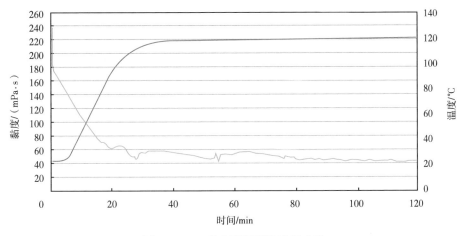

图 4-1-39　非交联压裂液黏温曲线

化压裂规模为 650m³，裂缝半缝长 138m。当支撑剂规模超过 35m³ 后，支撑半缝长增量变缓，优化支撑剂规模为 35m³，如图 4-1-40 所示。

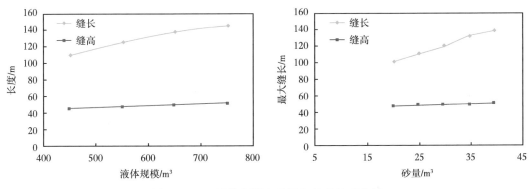

图 4-1-40　液体规模和砂量与缝长关系曲线

4. 施工情况及求产情况

2020 年 4 月 29 日压裂改造施工，注入总液量 714.8m³，最大排量 5.43m³/min，最大泵压 91.1MPa，停泵测压降 15min，油压由 51.4MPa 降低至 30.5MPa（图 4-1-41），压裂工艺成功。改造前用 ϕ4mm 油嘴求产，油压 73.5MPa，折日产气 17.0×10⁴m³，改造后用 ϕ10mm 油嘴求产，油压 86.8MPa，折日产气 101.5×10⁴ m³，油压和产量大幅提升，增产效果显著。

（三）后评估认识

通过 A2-J11 井施工数据拟合分析，压裂施工中形成裂缝缝长 103.7m，缝高 55.47m，距下面水层段 99.8m，实现控缝高避水（图 4-1-42）。G 函数分析：近井存在少量裂缝，拾取净压力 9.5MPa，以人工缝为主，沟通了远端裂缝系统。

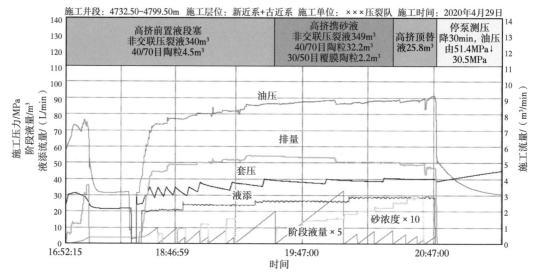

图 4-1-41　A2-J11 井压裂井施工曲线

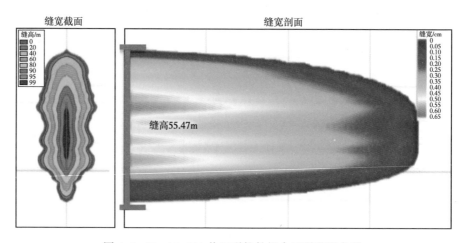

图 4-1-42　A2-J11 井压裂软件拟合后裂缝形态图

第二节　台盆区超深缝洞型碳酸盐岩油气藏改造案例

一、富满油田——N7 井

（一）储层评估与改造思路

N7 井是塔里木盆地北部坳陷阿满过渡带的一口预探井（图 4-2-1），完钻井深 8240.00m/7855.48m（斜深/垂深），目的层奥陶系一间房组，进入奥陶系一间房组 垂深 108.19m 完钻，井斜 83.45°，方位 52°，水平段长 273m。

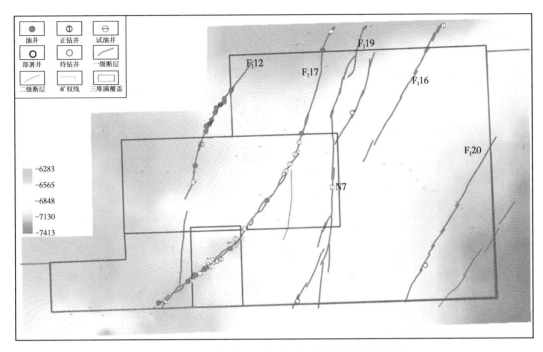

图 4-2-1 果勒东Ⅰ区奥陶系一间房组顶界构造图

钻录井：用相对密度 1.40 的钾聚磺钻井液体系钻至井深 8086.17m 发生漏失，漏失 0.28m³，逐步降密度至 1.30g/cm³，漏速 5～10m³/h，边漏边钻，累计漏失密度 1.30～1.37g/cm³ 钻井液 446.96m³；井段 7812.80～8240.00m 录井共见气测显示 63m/9 层，其中显示最好的井段为 8084～8099m，厚度 15m，岩性为灰色石灰岩，TG：由 10.5% 上升至 68.66%，C₁：由 1.65% 上升至 3.85%，组分全。

测井解释：井段 7812.80～8240.00m 解释油层 31.5m/5 层，平均孔隙度 5.08%；Ⅱ类差油层 14m/4 层，平均孔隙度 2.01%；Ⅲ类储层 60.5m/7 层，平均孔隙度 1.55%。成像测井解释裂缝 110 条/14 层，倾角 24°～89°，主要发育在 8028.0m 以下。

地质力学评价：N7 井应力方位 50°，与断裂呈 40°夹角；三轴应力机制为正断层型，最小水平主应力当量钻井液密度为 1.90g/cm³ 左右，垂向应力当量钻井液密度为 2.50g/cm³ 左右，水平最大主应力当量钻井液密度为 2.10～2.35g/cm³，纵向应力分层明显，在钻遇断裂发育位置，地应力和地层强度具有显著降低特征（储层段最小主应力为 133～141MPa）。

N7 井拾取天然裂缝 110 条，裂缝集中在 8035～8106m。本井裂缝较发育，总共解释 110 条，以填充缝和闭合缝为主；裂缝走向以近南北为主，与走滑断裂趋于一致，力缝夹角整体较大。N7 井天然裂缝临界开启压力当量钻井液密度为 1.29g/cm³，注入压力当量钻井液密度为 1.73g/cm³ 时，开启率为 80%，如图 4-2-2 至图 4-2-6 所示。

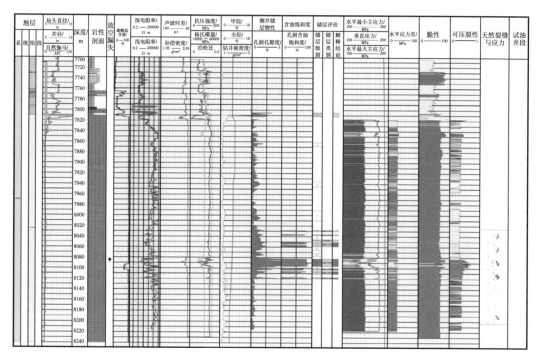

图 4-2-2　N7 井完井地质工程一体化成果图

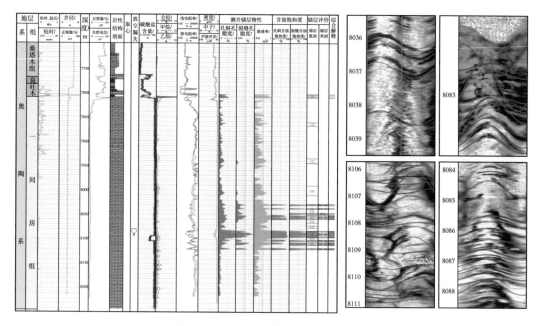

图 4-2-3　N7 井成像解释结果（一）

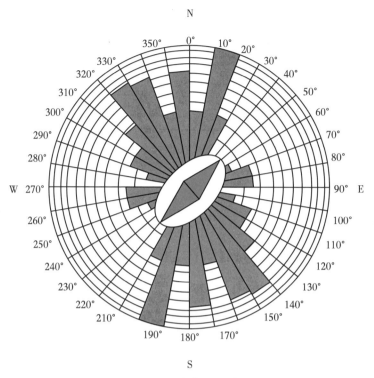

图 4-2-4 N7 井成像解释结果（二）

应力方位与断裂夹角大、裂缝发育但力缝夹角大，从应力纵向分布判断，井筒穿越走滑断裂少，需要充分考虑天然裂缝对周围储层的沟通情况；建议 N7 井先放喷求取自然产能，优选低应力段大规模酸压改造。

地震标定剖面显示 N7 井表现为"串珠"反射响应特征，如图 4-2-7 所示。

通过钻测录井资料来看，N7 井天然裂缝发育，钻遇断裂带附近到明显的油气显示和漏失，储层改造的目标是大规模疏通断裂破碎带。同时本井改造段长 427.2m，沿井筒储层物性差异大，需分段改造，以扩大水平井段改造范围。

（二）改造方案优化与实施效果

基于储层认识及改造思路，优选工作液体系为"黄胞胶滑溜水+交联压裂液+自生酸+交联酸"体系，利用压裂液之间黏度的变化以及酸液缓速性能，提高酸压造缝的复杂性，实现酸压缝内的分区溶蚀。

根据平面属性图标定，井眼距离缝洞体边界距离 120m，结合软件模拟，设计酸压规模 1540m³，其中交联压裂液 440m³，黄胞胶滑溜水 240m³，自生酸 400m³，交联酸 400m³，顶替液 60m³（图 4-2-8）。酸压后，工作制度 ϕ10mm 油嘴，油压 39.87MPa，日产油 782m³，日产气 214116m³，测试结论油层，如图 4-2-9 所示。

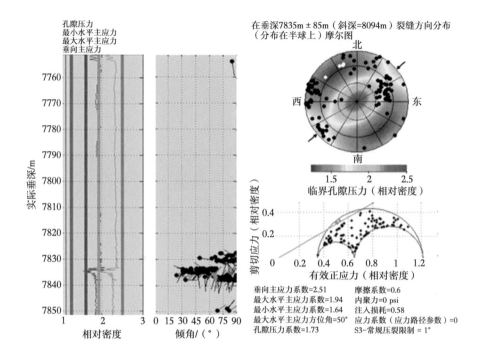

（a）井底净压力1.29MPa/100m裂缝开启

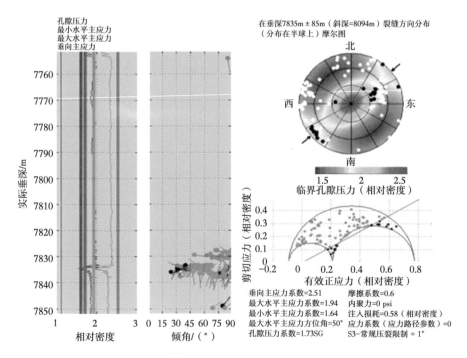

（b）井底净压力1.73MPa/100m80%裂缝开启

图4-2-5　N7井裂缝激活压力预测

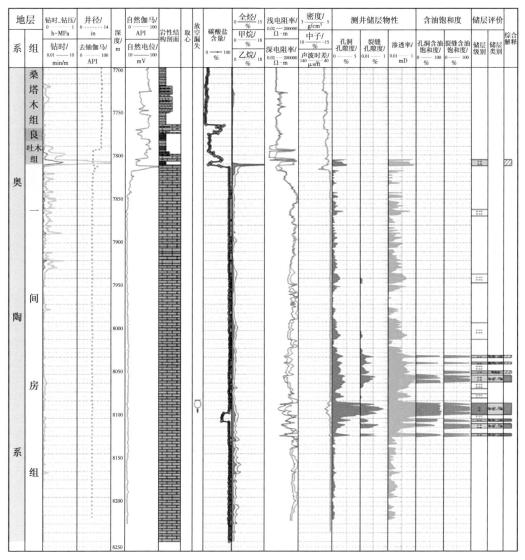

图 4-2-6　N7 井测井解释成果图

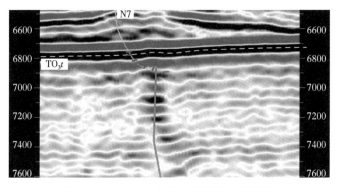

图 4-2-7　过 N7 井叠前深度域地震剖面

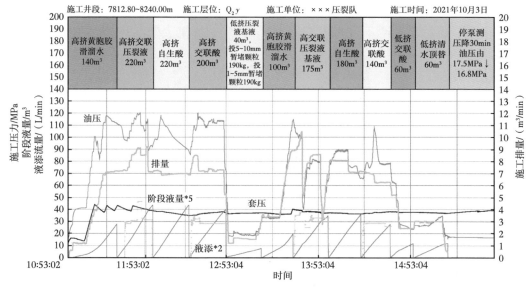

图 4-2-8　N7 井酸压施工曲线

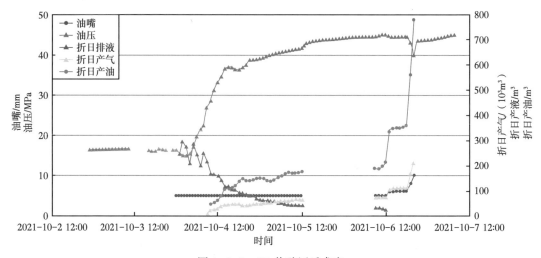

图 4-2-9　N7 井酸压后求产

（三）后评估认识

从 N7 井施工曲线整体来看，该井井周储层物性好较好，酸压施工难度不大，最高排量高（10.5m³/min），停泵压力为 17.5MPa；第一级泵注自生酸过程中，排量稳定，油压大幅下降（34MPa），存在明显的沟通缝洞体显示；从暂堵前后来看，相比暂堵前，暂堵后酸压排量增加，油压降低，沟通了大型缝洞体。

二、塔中Ⅰ号气田——O431-H2 井分段酸压

（一）储层评估与改造思路

1. 基本情况

O431-H2 井是塔里木盆地塔中隆起北斜坡塔中 10 号构造带的一口开发井。设计井深 6712.00m/5440.00m（斜深/垂深），钻至井深 6760.00m/5452.83m（斜深/垂深）完钻，水平裸眼段段长 1760.1m（4999.9~6760m）。目的层为下奥陶统鹰山组层间岩溶储集体。设计目的是建立 O 井区高产稳产井组，增加塔中Ⅰ号气田主建产区产能和产量；兼探上奥陶统良里塔格组含油气性。该井在目的层钻进期间，累计漏失密度 1.13g/cm³ 的钻井液 56.4m³，后续进行通井、电测时也发生了井漏，最终累计漏失钻井液量为 2106.7m³。物探资料显示，本井储层地震响应为串珠特征。

2. 目的层油气显示情况

O431-H2 井试油（气）层段见气测异常显示 765m/7 层，其中 5652.00~5661.0m、5988.0~6142.0m 和 6189.0~6760.0m 显示最好。该井气测显示地震标定图如图 4-2-10 所示。

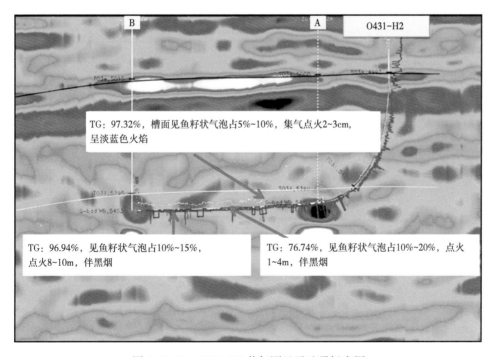

图 4-2-10　O431-H2 井气测显示地震标定图

显示井段：5652.00~5661.0m，层位：O_1y。钻时：5~10min/m；岩性：灰色石灰岩。气测显示：全烃由 7.96% 上升至 97.32%，C_1 由 1.1539% 上升至 80.7951%。出口钻井液相对密度由 1.18 下降至 1.17，漏斗黏度由 49s 上升至 58s，氯离子含量11200mg/L，集气点火燃，淡蓝色火焰，焰高 2~3cm，持续 2s。气测解释为油气层。

显示井段：5988.0~6142.0m，层位：O_1y。钻时：3~37min/m。岩性：灰色石灰岩。气测显示：全烃由 8.72% 上升至 76.74%，C_1 由 6.2032% 上升至 56.8632%。出口钻井液性能：相对密度由 1.14 下降到 1.13，漏斗黏度由 44s 上升至 53s，氯离子含量由 11800mg/L 上升至 12000mg/L，集气点火燃，淡蓝色火焰，焰高 1~2cm，持续 1s。气测解释为油气层。

显示井段：6189.0~6760.0m，层位：O_1y。钻时：3~29min/m。岩性：灰色石灰岩。气测显示：全烃由 25.11% 上升至 96.94%，C_1 由 17.84% 上升至 53.80%。出口钻井液性能：相对密度由 1.14 下降至 1.12，漏斗黏度 45s 上升至 60s，氯离子含量由 12000mg/L 上升至 14000mg/L，集气点火燃，淡蓝色火焰，焰高 2~3cm，持续 2s。气测解释为油层。

3. 测井解释

综合测井解释共解释 II 类油气层 185.5m/10 层，III 类储层 300.0m/16 层，总厚485.5m。O431-H2 井测井解释见表 4-2-1。

表 4-2-1　O431-H2 井测井解释表

层系	层号	深度层段/m	厚度/m	自然伽马/API	声波时差/μs/ft	深侧向/Ω·m	浅侧向/Ω·m	孔隙度/%	储层级别	综合解释结论	备注（井斜/方位）
O	63	5469.5~5480.0	10.5	16	49	1400	1400	1.4	III类		64°/277°
O	65	5543.0~5548.0	5.0	90	58	1100	1400	1.2	III类		75°/278°
O	68	5629.0~5646.5	17.5	303	69	8.4	4.7	1.3	III类		84°/278°
O	70	5652.0~5666.0	14.0	15	52	190	200	3.2	II类	油气层	83°/278°
O	71	5666.0~5676.0	10.0	19	50	440	450	1.6	III类		85°/278°
O	75	5687.0~5720.0	33.0	15	50	290	310	1.8	III类		87°/276°
O	77	5726.0~5737.0	11.0	27	53	140	160	3.4	II类	油气层	87°/274°
O	79	5745.0~5749.0	4.0	16	50	290	320	1.7	III类		87°/274°
O	80	5749.0~5754.0	5.0	18	53	230	260	3.6	II类	油气层	88°/274°
O	81	5754.0~5759.0	5.0	36	51	190	210	1.5	III类		88°/274°
O	83	5767.0~5795.0	28.0	15	50	360	410	1.7	III类		88°/272°

层系	层号	深度层段/ m	厚度/ m	自然 伽马/ API	声波 时差/ μs/ft	深侧向/ Ω·m	浅侧向/ Ω·m	孔隙度/ %	储层 级别	综合解释 结论	备注 （井斜/方位）
O	85	5821.5~5829.5	8.0	19	52	130	200	2.8	Ⅱ类	差油气层	89°/272°
O	87	5868.0~5872.0	4.0	19	50	750	840	1.4	Ⅲ类		89°/271°
O	91	5989.0~6024.0	35.0	29	52	790	810	2.5	Ⅱ类	差油气层	86°/276°
O	93	6049.0~6068.0	19.0	24	51	1400	1600	2.1	Ⅱ类	差油气层	88°/277°
O	97	6193.5~6205.0	11.5	13	49	770	770	1.5	Ⅲ类		89°/276°
O	99	6251.0~6323.0	72.0	16	49	350	470	1.2	Ⅲ类		89°/279°
O	100	6323.0~6343.0	20.0	19	50	260	340	1.4	Ⅲ类		89°/274°
O	102	6361.0~6397.0	36.0	15	51	150	170	2.8	Ⅱ类	差油气层	89°/276°
O	103	6397.0~6434.0	37.0	16	50	150	160	1.9	Ⅲ类		89°/276°
O	105	6472.0~6481.0	9.0	13	49	520	710	1.2	Ⅲ类		89°/277°
O	107	6498.0~6514.5	16.5	15	49	340	550	1.3	Ⅲ类		89°/276°
O	109	6530.0~6539.0	9.0	26	52	310	420	2.5	Ⅱ类	差油气层	89°/276°
O	112	6596.0~6613.0	17.0	14	49	700	860	1.5	Ⅲ类		90°/275°
O	114	6625.0~6656.5	31.5	11	49	290	350	2.0	Ⅱ类	差油气层	89°/274°
O	116	6729.0~6746.0	17.0	12	51	84	98	3.0	Ⅱ类	油气层	90°/273°

4. 区域地应力特征情况

从井周区域鹰山组主应力分布情况分析，O431-H2井地层最大主地应力方向大致为北东向，结合该井水平段闭合方位（287.55°），水力压裂裂缝与水平井筒大概率形成横切缝形态，如图4-2-11所示。

5. 储层综合评价

O431-H2井主要目的层为下奥陶统鹰山组鹰二段岩溶储集体，物探资料显示，储层地震响应为串珠特征（洞穴型）。该井钻进至井深6760.00m/5452.83m（斜深/垂深）完钻，石灰岩段见气测异常显示765m/7层，其中5652.00~5661.0m、5988.0~6142.0m和6189.0~6760.0m气测显示最好，气测解释：油气层或油层。综合测井解释共解释Ⅱ类油气层185.5m/10层，Ⅲ类储层300.0m/16层，总厚485.5m。钻进目的层期间累计漏失钻井液2106.7m³，储层综合评估缝洞系统发育，油气层特征明显，通过分段酸压对水平裸眼段4999.9~6760m分段改造有望获得较高产量。

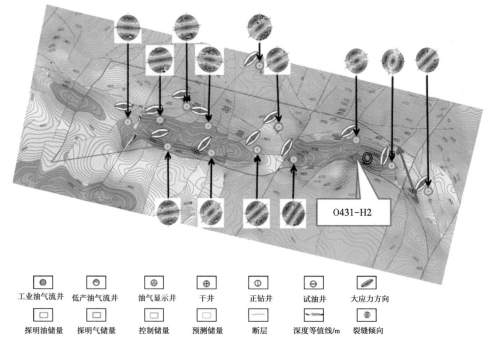

工业油气流井　低产油气流井　油气显示井　干井　　正钻井　　试油井　　大应力方向

探明油储量　探明气储量　控制储量　预测储量　断层　深度等值线/m　裂缝倾向

图 4-2-11　O431-H2 井周鹰山组主应力分布图

6. 改造思路与原则

(1) O431-H2 井物探资料显示，本井储层地震响应：串珠（洞穴型），裸眼水平井段长达 1760.1m（4999.90~6760m），奥陶系鹰山组共解释共解释 II 类油气层 185.5m/10 层，III 类储层 300.0m/16 层，试油（气）层段见气测异常显示 765m/7 层，其中 5652.00~5661.0m、5988.0~6142.0m 和 6189.0~6760.0m 显示最好，水平段物性存在较大差异性，因此本井宜考虑水平井分段改造。

(2) 为了充分的发挥水平井的产能，采用 7⅞inSHP 套管悬挂封隔器+裸眼封隔器+压控/投球式筛管全通径分段工艺（图 4-2-12）。

（二）改造方案优化与实施效果

1. 方案设计优化

(1) 分段设计优化：综合考虑物探、测井、油气显示等情况确定裸眼封隔器位置及每段筛管位置，改造分 8 段进行 7 段酸压改造。分段为：第①段 6685~6760m（段长 75m）；第②段 6455~6685m（段长 230m）；第③段 6235~6455m（段长 220m）；第④段 6105~6235m（段长 130m）；第⑤段 5945~6105m（段长 160m）；第⑥段 5800~5945m（段长 145m）；第⑦段 5620~5800m（段长 180m），如图 4-2-13 和图 4-2-14 所示。

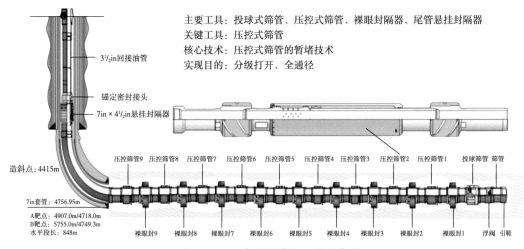

主要工具：投球式筛管、压控式筛管、裸眼封隔器、尾管悬挂封隔器
关键工具：压控式筛管
核心技术：压控式筛管的暂堵技术
实现目的：分级打开、全通径

图 4-2-12 全通径分段工艺示意图

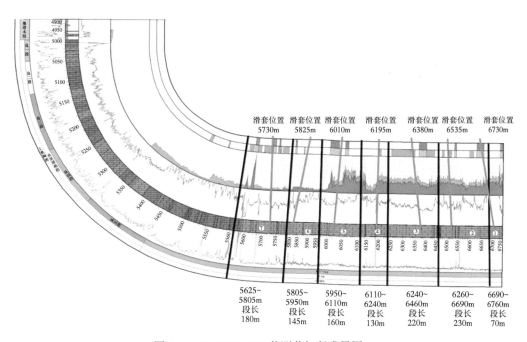

图 4-2-13 O431-H2 井测井解释成果图

（2）工艺措施优化：O431-H2 井水平段 A 点与 B 点各一个串珠。A 点处离串珠相对远一点，未出现漏失；B 点发生漏失，因此应充分考虑该因素进行优化设计：第1 段和第 2 段酸压改造适当控制规模，以沟通 B 点串珠表层为目的；第 7 段（A 点附近）考虑造长缝较大规模酸压，尽量沟通到串珠；中间层段表现"表层弱"反射特征，因此酸压方案确定采用多级注入工艺实现造长缝，单级改造液量确定中等规模。该井完钻井深 6760m/垂深 5452.83m，海拔垂深−4365m，避水厚度大于 75m，适当考虑控制液体施工规模。

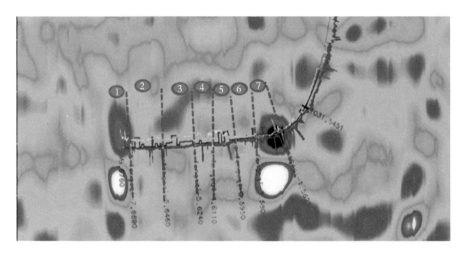

图 4-2-14 O431-H2 井地震剖面示意图

（3）根据本储层改造段反射特征，酸压工作液体系采用"黄胞胶非交联压裂液+胶凝酸+交联酸"进行酸压，形成长、高导流能力裂缝通道，广泛改造井周储集体，提高储层的泄油面积。另外，酸压后尽快开井放喷排液，以免储层伤害。改造工作液配方及配置见表 4-2-2。

表 4-2-2 O431-H2 井改造液体配方及配制量

序号	体系	配方	配制量/m³
1	黄胞胶非交联压裂液	0.45%黄胞胶 +0.5%破乳剂 1+0.1%甲醛+0.02%破胶剂+0.3% 螯合剂	1680
2	瓜尔胶压裂液	0.45%稠化剂 + 0.015%过硫酸铵 + 1.0% 破乳剂 + 0.1% 甲醛（杀菌剂）+ 0.025%柠檬酸（pH 调节剂 1）+0.08%NaOH（pH 调节剂 2）+5% KCl	60
3	前置液交联液	交联剂-A:交联剂-B=1:1（质量比）；交联比 0.8%	0.48
4	胶凝酸	20%HCl +0.8% 胶凝剂+ 2.0%缓蚀剂+1.0% 破乳剂+1.0% 铁离子稳定剂	240
5	交联酸	20%HCl+0.8%稠化剂+ 1.0%破乳剂+2.0%缓蚀剂+1.0%铁离子稳定剂+0.3% 调理剂	1140
6	交联酸交联液	交联剂Ⅰ:交联剂Ⅱ=1:1（质量比）	9.12
7	顶替液	清水	40

（4）酸压管柱结构：采用全通径裸眼分段管柱结构采用压控式筛管+投球式筛管组合，管柱结构如下：油管挂+双公短节+3½in BG110S/BGT1（δ6.45mm）调整短油管+3½in BG110S/BGT1（δ6.45mm）油管+3½in BG80S/BGT1（δ6.45mm）油管+校深短节+3½in BG80S/BGT1（δ6.45mm）油管（1 根）+变扣（3½in BGT1 内螺纹X3½in EUE 外螺纹）+提升短节（1~2m）+3½in 伸缩管 1 根（国产，单根伸缩距

3.0m）+变扣（3½in EUE 内螺纹 X3½in BGT1 外螺纹）+ 3½in BG80S/BGT1（δ6.45mm）油管（2根）+变扣（3½in BGT1 内螺纹 X3½in EUE 外螺纹）+锚定密封+7⅞in SHP 套管悬挂封隔器+变扣（4½in LTC 外螺纹 X3½in EUE 外螺纹）+3½in BG80S/EUE（δ6.45mm）油管+裸眼封隔器（7）+3½in BG80S/EUE（δ6.45mm）油管+压控式筛管（5）+3½in BG80S/EUE（δ6.45mm）油管+裸眼封隔器（6）+3½in BG80S/EUE（δ6.45mm）油管+压控式筛管（4）+3½in BG80S/EUE（δ6.45mm）油管+裸眼封隔器（5）+3½in BG80S/EUE（δ6.45mm）油管+压控式筛管（3）+3½in BG80S/EUE（δ6.45mm）油管+裸眼封隔器（4）+3½in BG80S/EUE（δ6.45mm）油管+压控式筛管（2）+3½in BG80S/EUE（δ6.45mm）油管+裸眼封隔器（3）+3½in BG80S/EUE（δ6.45mm）油管+压控式筛管（1）+3½in BG80S/EUE（δ6.45mm）油管+裸眼封隔器（2）+3½in BG80S/EUE（δ6.45mm）油管+投球式筛管（2）+3½in BG80S/EUE（δ6.45mm）油管+裸眼封隔器（1）+3½in BG80S/EUE（δ6.45mm）油管+投球式筛管（1）+3½in BG80S/EUE（δ6.45mm）油管+单流阀+浮阀+3½in BG80S/EUE（δ6.45mm）油管 1 根+割逢筛管（1）+3½in BG80S/EUE（δ6.45mm）油管+圆头引鞋。计算管柱内容积30.9m³，管柱结构如图4-2-15所示。

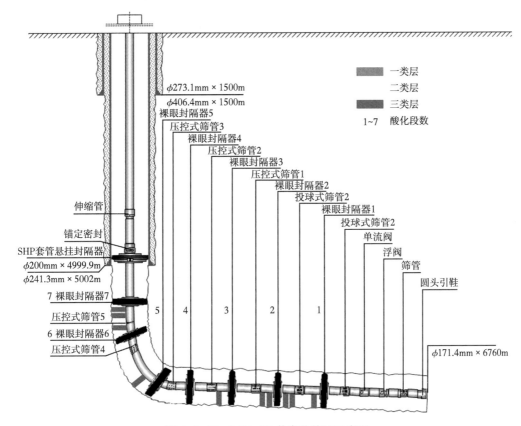

图 4-2-15　O431-H2 井完井管柱示意图

按照管柱配置及裂缝延伸压力梯度 0.014～0.015MPa/m 进行计算,排量在 5.0m³/min 时油压为 95MPa 左右,施工井口压力预测见表 4-2-3。

表 4-2-3　O431-H2 井施工压力预测

不同施工排量下井口油压/MPa							延伸压力梯度/ MPa/m
3.00m³/min	3.50m³/min	4.00m³/min	4.50m³/min	5.00m³/min	5.50m³/min	6.00m³/min	
49.43	58.12	67.75	78.37	89.89	102.90	116.39	0.014
54.43	63.12	72.75	83.37	94.89	107.90	121.39	0.015
60.43	69.12	78.75	89.37	100.89	113.90	127.39	0.016

(5) 酸压泵注程序优化。设计酸压规模为 3060m³,平均每段 450m³ 左右,其中黄胞胶非交联压裂液 1630m³,酸液规模 1350m³,50m³ 冻胶用于送球并控制低排量,各段酸液用量见表 4-2-4。

表 4-2-4　O431-H2 井酸压各段用液量设计表

施工层序	段长/ m	清水/ m³	冻胶/ m³	黄胞胶非交联压裂液/ m³	胶凝酸/ m³	交联酸/ m³	总量/ m³
第 1 段	75	—	—	220	40	180	440
第 2 段	230	—	—	250	30	160	440
第 3 段	220	—	10	240	30	180	460
第 4 段	130	—	10	230	30	140	410
第 5 段	160	—	10	230	30	140	410
第 6 段	145	—	10	220	30	140	400
第 7 段	180	30	10	240	40	180	500
总量		30	50	1630	230	1120	3060

2. 实施效果

(1) 施工情况:酸压施工挤入地层总液量 3060m³,其中酸液用量 1350m³(胶凝酸用量 230m³,交联酸 1120m³),压裂液用量 50m³,黄胞胶用量 1660m³,最高泵压 92.8MPa,一般 66.8MPa,施工最高排量 7.9m³/min,一般 6.5m³/min,停泵 15min 测压降由 27.5MPa 下降至 27.4MPa。各段施工曲线如图 4-2-16 所示。

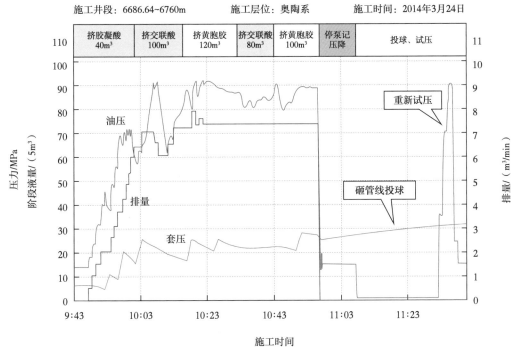

（a）施工井段：6686.64~6760m井段

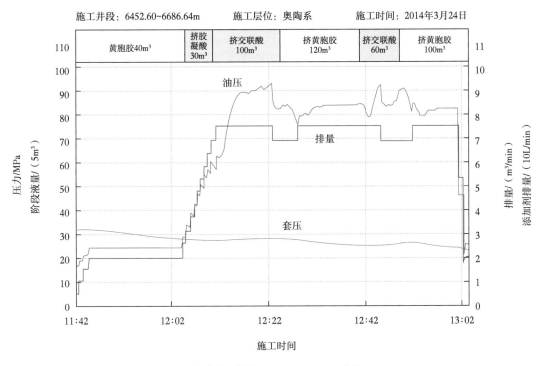

（b）施工井段：6652.60~6686.64m井段

图4-2-16 O431-H2井酸压施工曲线

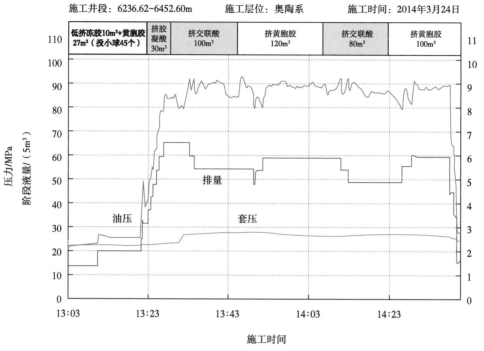

（c）施工井段：6236.62~6452.60m井段

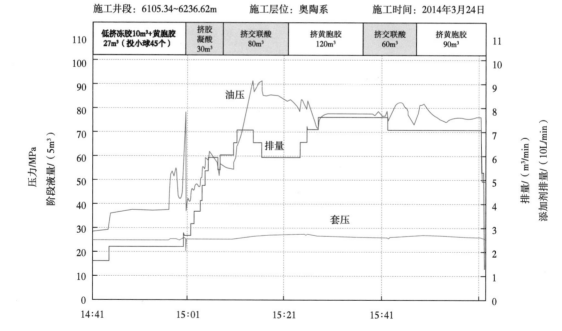

（d）施工井段：6105.34~6236.62m井段

图4-2-16　O431-H2井酸压施工曲线（续图）

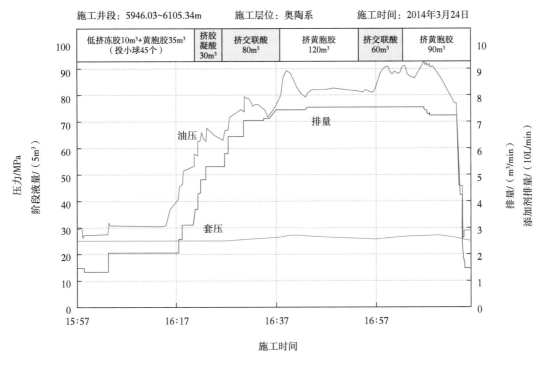

（e）施工井段：5946.03~6105.34m井段

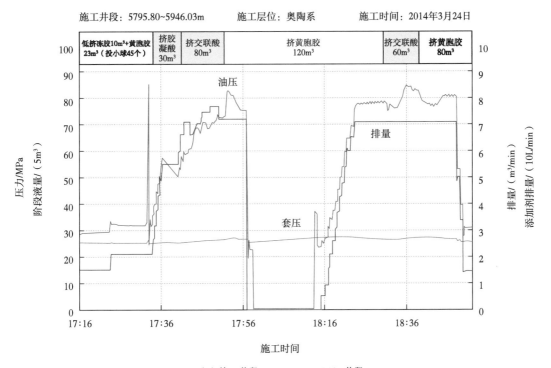

（f）施工井段：5795.80~5946.03m井段

图 4-2-16 O431-H2 井酸压施工曲线（续图）

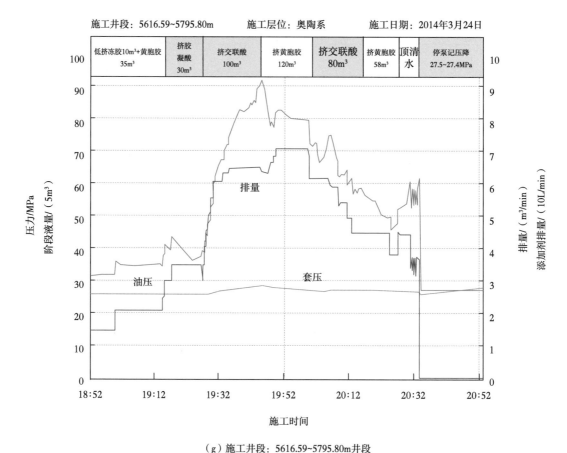

施工井段：5616.59~5795.80m　　　施工层位：奥陶系　　　施工日期：2014年3月24日

（g）施工井段：5616.59~5795.80m井段

图 4-2-16　O431-H2 井酸压施工曲线（续图）

（2）改造效果：酸压后采用 φ5mm 油嘴求产，油压 48.6MPa，日产油 125.4m³，日产气 99642m³，酸压取得显著的提产效果。

（3）改造后评估分析：通过 G 函数曲线分析，得出地层闭合压力梯度 0.0143MPa/m，井底闭合压力 86.06MPa。通过裂缝拟合，裂缝酸蚀缝长为 98.1 ~ 104.3m，动态缝高为 47.9 ~ 50.1m，平均裂缝宽度 0.136 ~ 0.174cm；从施工曲线分析，在第三、四、六段见明显压控式筛管开启响应。停泵压力低，说明酸压沟通了缝洞体。

（4）投产效果：该井 2014 年 9 月 30 日自喷投产，初期 φ5mm 油嘴求产，日产油 123.3t，日产气 4.1×10⁴m³，截至 2021 年 10 月底，累计产油 3.57×10⁴t，累计产气 0.63×10⁸m³，取得良好的经济开采效益，如图 4-2-17 所示。

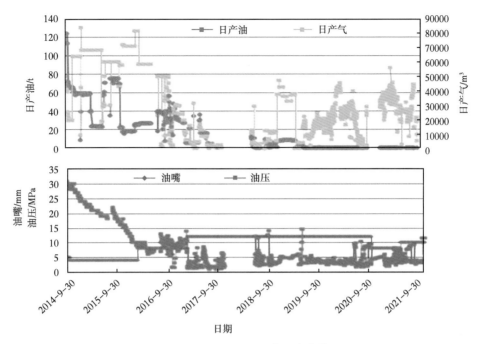

图 4-2-17 O431-H2 井生产曲线

参 考 文 献

［1］张杨，杨向同，滕起，等.塔里木油田超深高温高压致密气藏地质工程一体化提产实践
与认识［J］.中国石油勘探，2018，23（2）：8.

［2］刘洪涛，刘举，刘会锋，等.塔里木盆地超深层油气藏试油与储层改造技术进展及发
展方向［J］.天然气工业，2020，40（11）：13.

［3］王珂，戴俊生，刘海磊，等.塔里木盆地克深气田现今地应力场特征［J］.中南大学学
报（自然科学版），2015（3）：941-951.

［4］Kaiser J. Erkenntnisse und folgerungen aus der messung von geräuschen bei zugbeanspru-
chung von metallischen werkstoffen［J］. Archiv Für Dassenhüttenwesen，2016，24（1-
2）：43-45.

［5］赵奎，项威斌，曾鹏，等.岩石声发射 Kaiser 效应研究现状及展望［J］.金属矿山，
2021，（1）：94-105.

［6］Bch A，Fhc B . ISRM Suggested Methods for rock stress estimation—Part 3：hydraulic frac-
turing（HF）and／or hydraulic testing of pre-existing fractures（HTPF）［J］. International
Journal of Rock Mechanics and Mining Sciences，2003，40（7-8）：1011-1020.

［7］Jarvie D M，Hill R J，Ruble T E，et al. Unconventional shale-gas systems：The Mississip-
pian Barnett Shale of north-central Texas as one model for thermogenic shale-gas assessment
［J］. Aapg Bulletin，2007，91（4）：475-499.

［8］Blauch M. A Practical Use of Shale PetropHysics for Stimulation Design Optimization. 2016.

［9］Gu H，Weng X，Lund J，et al. Hydraulic fracture crossing natural fracture at non-orthogonal
angles：a criterion and its validation and applications［J］. SPE Production & Operations，
2012，27（1）：20-26.

［10］彭瑀，李勇明，赵金洲，等，缝洞型碳酸盐岩油藏酸蚀裂缝导流能力模拟与分析
［J］. 石油学报，2015，36（5）：7.